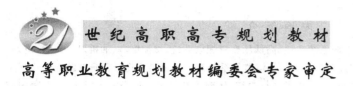

21世纪高职高专规划教材

高等职业教育规划教材编委会专家审定

通信电源设备与维护

高振楠 李安庆 黄振陵 编著

北京邮电大学出版社
www.buptpress.com

内 容 简 介

　　本书内容共 11 章,分别介绍了通信电源系统概述、高低压交流配电系统、交流配电、油机发电机组、空调、整流设备、蓄电池、直流配电、UPS、接地与防雷、动力与环境监控系统等。本书是在充分调研电源维护实际工作的基础上,完善了电源维护中采用的新技术,优化了教材内容,体现了基于工作过程的实用性,体现面向应用型的高职高专教育特色。

　　本书内容图文并茂,浅显易懂。可作为高等职业院校通信类专业的教材,还可作为企业电源维护人员的参考书籍。

图书在版编目(CIP)数据

通信电源设备与维护 / 高振楠,李安庆,黄振陵编著. -- 北京 : 北京邮电大学出版社,2016.7(2020.1重印)
ISBN 978-7-5635-4839-2

Ⅰ.①通… Ⅱ.①高… ②李… ③黄… Ⅲ.①通信设备-电源-操作②通信设备-电源-维修
Ⅳ.①TN86

中国版本图书馆 CIP 数据核字(2016)第 171195 号

书　　　名:	通信电源设备与维护
著作责任者:	高振楠　李安庆　黄振陵　编著
责 任 编 辑:	张珊珊
出 版 发 行:	北京邮电大学出版社
社　　　址:	北京市海淀区西土路 10 号(邮编:100876)
发 行 部:	电话:010-62282185　传真:010-62283578
E-mail:	publish@bupt.edu.cn
经　　　销:	各地新华书店
印　　　刷:	保定市中画美凯印刷有限公司
开　　　本:	787 mm×1 092 mm　1/16
印　　　张:	10.25
字　　　数:	266 千字
版　　　次:	2016 年 7 月第 1 版　2020 年 1 月第 5 次印刷

ISBN 978-7-5635-4839-2　　　　　　　　　　　　　　　　　定　价:24.00 元

前　　言

通信在社会发展、人们生活中起着越来越重要的作用,通信网络的可靠性是最基本的要求,通信电源是保障通信网络畅通的前提条件。通信电源设备发生故障,中断供电将使整个通信网络瘫痪。通信电源设备维护日益引起通信运营企业的高度重视,通信设备维护人员更好地掌握电源维护技术和经验,才能做好维护工作,保障电源正常运行。

本书是在充分调研电源维护实际工作的基础上,本着"以就业为导向,以工作岗位为目标"的要求,优化了课程内容,完善了电源维护中采用的新技术、新方法,体现了基于工作过程的实用性,体现面向应用型的高职高专教育特色。

本书内容共 11 章,分别介绍了通信电源系统概述、高低压交流配电系统、交流配电、油机发电机组、空调、整流设备、蓄电池、直流配电、UPS、接地与防雷、动力与环境监控系统等。在内容选择上尽量避免繁杂的电路原理,做到内容实用,语言通俗易懂,图文并茂,帮助学生理解。

本书由安徽邮电职业技术学院高振楠、李安庆、黄振陵编写,由高振楠主编,李安庆、黄振陵参与编写。在编写过程中,编者得到安徽邮电职业技术学院领导的大力支持,并得以到中国电信安徽分公司进行企业实践,也一并感谢安徽电信公司维护人员的指导和帮助。

最后,由于编者经验欠缺,能力有限,书中不足之处敬请读者提出建议和意见。

目　　录

第1章　通信电源系统概述 ·· 1

1.1　通信电源的作用和组成 ··· 1

1.2　交流供电系统 ·· 2

1.3　直流供电系统 ·· 3

1.4　通信接地系统 ·· 4

1.5　通信电源系统的发展趋势 ·· 5

1.6　通信电源供电要求 ·· 6

复习思考题 ··· 7

第2章　高低压交流配电系统 ··· 8

2.1　交流供电系统概述 ·· 8

2.2　交流高压配电系统 ·· 9

2.3　交流低压配电系统 ·· 26

2.4　功率因数补偿 ··· 32

2.5　常用高低压测量仪表 ·· 33

复习思考题 ··· 39

第3章　交流配电 ··· 40

3.1　交流配电的作用 ··· 40

3.2　交流配电的性能 ··· 40

3.3　典型交流配电屏原理 ·· 40

3.4　交流配电箱 ··· 43

复习思考题 ··· 43

第4章　油机发电机组 ··· 44

4.1　柴油发电机概述 ··· 44

4.2　柴油发动机 ··· 45

4.3　发电机工作原理 ··· 52

4.4　柴油发电机组维护 ·· 56

4.5　汽油发电机 ··· 59

复习思考题 ··· 60

第 5 章　空调 ··· 61

　　5.1　空调概述 ··· 61

　　5.2　制冷原理 ··· 63

　　5.3　加湿装置 ··· 70

　　5.4　空调器的维护和主要技术要求 ·· 71

　　复习思考题 ·· 72

第 6 章　高频开关整流设备 ··· 73

　　6.1　高频开关电源的基本原理 ·· 73

　　6.2　高频开关整流器主要技术 ·· 75

　　6.3　高频开关电源系统简述 ··· 77

　　6.4　高频开关电源技术参数 ··· 81

　　6.5　开关电源系统维护 ··· 83

　　复习思考题 ·· 84

第 7 章　蓄电池 ·· 85

　　7.1　蓄电池概述 ·· 85

　　7.2　阀控铅酸蓄电池结构 ··· 86

　　7.3　阀控铅酸蓄电池的基本原理 ··· 88

　　7.4　充放电特性 ·· 90

　　7.5　阀控铅酸蓄电池主要性能参数 ·· 91

　　7.6　影响阀控铅酸蓄电池容量的因素 ··· 93

　　7.7　阀控铅酸蓄电池的失效模式 ··· 94

　　7.8　阀控铅酸蓄电池的使用和维护 ·· 95

　　7.9　磷酸铁锂电池 ··· 101

　　复习思考题 ·· 101

第 8 章　直流配电系统 ··· 102

　　8.1　直流电源供电方式概述 ·· 102

　　8.2　直流供电系统的配电方式 ··· 104

　　8.3　直流配电系统功能 ·· 105

　　8.4　直流配电屏原理 ··· 106

　　复习思考题 ·· 108

第 9 章　不间断电源(UPS) ·· 109

　　9.1　UPS 概述 ·· 109

　　9.2　UPS 的基本组成 ·· 110

　　9.3　UPS 分类 ·· 112

　　9.4　UPS 指标参数 ·· 117

9.5　UPS 冗余供电 ·· 119
9.6　UPS 的操作与维护 ·· 120
复习思考题 ·· 123

第 10 章　通信接地与防雷系统 ··························· 124
10.1　接地系统 ·· 124
10.2　通信系统的防雷保护 ·································· 133
复习思考题 ·· 138

第 11 章　动力环境集中监控系统 ······················ 139
11.1　动力环境集中监控系统 ······························ 139
11.2　监控系统网络结构 ····································· 141
11.3　监控对象 ·· 144
11.4　监控单元(SU) ··· 147
11.5　监控站(SS)和监控中心(SC) ························ 154
复习思考题 ·· 155

参考文献 ·· 156

第1章 通信电源系统概述

1.1 通信电源的作用和组成

通信电源是通信系统的心脏。为了保障通信系统稳定、可靠的运行，良好的电源设备的运行管理和维护工作是非常必要的。通信电源设备的作用是供给各种通信设备和机房可靠的交、直流电源，保证通信畅通。它在通信网上处于极为重要的位置。如果通信局的电源设备发生故障，中断供电将使整个通信网络瘫痪。因此，通信电源维护人员应全面掌握电源设备的基本性能、工作原理和维护方法，确保电源设备正常运行。

通信电源系统包括：交流市电引入线路、高低压局内变电站设备、柴油发电机组、整流设备、蓄电池组、直流变换器和交流逆变设备以及各种交直流配电设备等。

通信配电就是把上述的电源设备，组合成一个完整的供电系统，合理地进行控制、分配、输送，满足通信设备的要求。

一个完整的电源系统，其组成如图 1-1 所示。

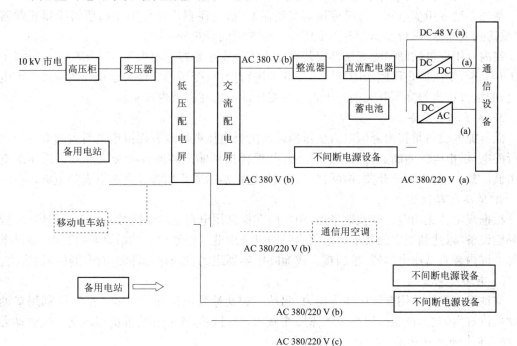

图 1-1　电源系统组成方框示意图

1.2　交流供电系统

交流供电系统由主用交流电源、备用交流电源(油机发电机组)、高压开关柜、电力降压变压器、低压交流配电屏、低压电容器屏等组成的供电系统。UPS能够提供稳定可靠的交流供电。

主用交流电源均采用市电。为了防备市电停电,采用油机发电机等设备作为备用交流电源。大中型电信局采用10 kV高压市电,经电力变压器降为380 V/220 V低压后,再供给整流器、不间断电源设备(UPS)、通信设备、空调设备和建筑用电设备等。

交流供电系统的组成如下。

1. 高压开关柜

高压开关柜的主要功能,除了引入高压(一般10 kV)市电外,并能保护本局的设备和配线,同时还能防止由本局设备故障造成的影响波及到外线设备。高压开关柜还有操作控制和监测电压和电流的性能。重要通信枢纽局由两个变电站引入两路10 kV高压市电,并由专线引入,一路主用,一路备用;其他通信局(站)一般引入一路10 kV高压市电。用电量小的通信局(站)则直接引入220/380 V(相电压220 V、线电压380 V)低压市电。

2. 降压电力变压器

降压电力变压器是把10 kV高压电源变换到380 V/220 V低压的电源设备。专用变电站由高压配电装置和降压电力变压器(又称配电变压器)组成,根据通信局(站)建设规模及用电负荷的不同,可分为室外小型专用变电站(所)和室内专用变电站(所)两种。

室外小型专用变电站(所)将变压器安装在室外,变压器高压侧采用高压熔断器式跌落开关(跌落式熔断器)进行操作。电力变压器一般采用油浸式变压器。

室内专用变电站(所)将变压器安装在室内。当变压器容量不大于315 kVA时,一般不设高压开关柜,变压器高压侧常用高压负荷开关进行操作;变压器容量大以及有两路高压市电引入时,应配置适当的高压开关柜。干式电力变压器便于在机楼内安装。

3. 低压配电设备

低压配电设备是将由降压电力变压器输出的低电压电源或直接由市电引入的低电压电源进行配电,做市电的通断、切换控制和监测,并保护接到输出侧的各种交流负载。低压配电设备由低压开关、空气断路开关、熔断器、接触器、避雷器和监测用各种交流电表等组成。

4. 低压电容器屏

根据规定:"无功电力应就地平衡,用户应在提高用电自然功率因数基础上,设计和装置无功补偿设备"以达到规定的要求。电信局(站)以采用低压补偿用电功率因素的原则,装设电容器屏。屏内装有低压电容器、控制接入或撤除电容器组的自动化器件和监测用功率因数表。

5. 柴油发电机组

柴油发电机组是用柴油机作为动力,驱动三相交流发电机提供电能。柴油机利用柴油在发动机汽缸内燃烧,产生高温高压气体爆炸做功,经过活塞连杆和曲轴机构转化为机械动力。

6. 市电油机转换屏

市电油机转换屏引入降压电力变压器和备用发电机组供给的三相五线制220/380 V交流

电,对交流配电屏和保证建筑负荷进行由市电供电或备用发电机组供电的自动或手动切换,并进行供电的分配、通断控制、监测和保护。

7. 交流不间断电源设备(UPS)

卫星通信地球站的通信设备、数据通信机房服务器及其终端、网管监控服务器及其终端、计费系统服务器及其终端等,均采用交流电源并要求交流电源不间断,为此应采用交流不间断电源设备(UPS)对其供电。

1.3 直流供电系统

直流供电系统由整流设备、直流配电设备、蓄电池组、直流变换器、机架电源设备和相关的配电线路组成的总体称为直流供电系统。

组成直流供电系统的主要电源设备的作用和性能如下。

1. 换流设备

换流设备(converter)是整流设备、逆变设备和直流变换设备的总称。其中整流设备可将交流电变换为直流电。逆变设备则将直流电变换为交流电。直流变换设备可将一种电压的直流电变换成另一种或几种电压的直流电。

高频开关整流器在技术上先进,具有小型、轻量、高效、高功率因数和高可靠性等显著优点。高频开关整流器机架的输出功率大,机架上装有监控模块,与计算机组成监控网络,组成自动监控系统,便于通电电源设备智能管理。

高频开关整流器为模块化结构。在一个高频开关电源系统中,通常是若干高频开关整流器模块并联输出,输出电压自动稳定,各整流模块的输出电流自动均衡。

2. 蓄电池

在通信电源中,蓄电池作为备用能源使用。蓄电池可分为酸性电解液(即硫酸)的铅酸蓄电池和碱性电解液(即苛性钾)的碱蓄电池。

铅酸蓄电池自普兰特发明以来,已有 140 年的历史,铅酸蓄电池已由防酸式铅蓄电池发展到阀控式密封铅酸蓄电池。

阀控式密封铅酸蓄电池是一种新型的蓄电池,使用过程中无酸雾排出,不会污染环境和腐蚀设备,蓄电池可以和通信设备安装在一起,平时维护比较简便,不需加酸和加水。阀控式密封蓄电池体积较小,可以立放或卧放工作,蓄电池组可以进行积木式安装,节省占用空间,在通信局(站)得到迅速推广使用。

在 −48 V 电源系统中,通常采用 24 只 2 V 蓄电池串联构成一个蓄电池组;在 −24 V 或 +24 V 电源系统中,通常采用 12 只 2 V 蓄电池串联构成一个蓄电池组。蓄电池组中每只电池的规格型号和容量应都相同。当采用两组蓄电池并联时,两组电池性能应一致。

锂电池和燃料电池逐渐得到发展,在通信企业中开始逐渐推广使用。

3. 直流配电屏

直流配电屏是直流供电系统中连接整流器和蓄电池,同时向通信负载供电的配电设备,屏内装有闸刀开关、自动空气断路器、接触器、低电熔断器以及电工仪表、告警保护等元器件。直流配电屏对直流电进行分配、通断控制、监测、告警和保护。在大容量的通信用高频开关电源系统中,直流配电屏是其中的一个独立机柜。在组合式高频开关电源设备中,有直流配电单元,没有单独的直流配电屏。

4.DC-DC(直流-直流)变换器

DC/DC变换器将基础电源电压(-48 V 或 $+24$ V)变换为各种直流电压,以满足通信设备内部电路多种不同数值的电压(±5 V、±6 V、±12 V、±15 V、-24 V 等)的需要。

近年来,由于微电子技术的迅速发展,通信设备已向集成化,数字化方向发展。许多通信设备采用了大量的集成电路组件,而这些组件需要 $5\sim15$ V 的多种直流电压。如果这些低压直流直接从电力室供给,则线路损耗一定很大、环境电磁辐射也会污染电源,供电效率很低。为了提高供电效率,大多通信设备装有直流变换器,通过这些直流变换器可以将电力室送来的高压直流电变换为所需的低压直流电。

另外,通信设备所需的工作电压有许多种,这些电压如果都由整流器和蓄电池供给,那么就需要许多规格的蓄电池和整流器,这样,不仅增加了电源设备的费用,也大大增加了维护工作量。为了克服这个缺点,目前大多数通信设备采用 DC-DC 变换器给内部电路供电。

DC-DC 变换器能为通信设备的内部电路提供非常稳定的直流电压。在蓄电池电压(DC-DC 变换器的输入电压)由于充、放电而在规定范围内变化时,直流变换器的输出电压能自动调整保持输出电压不变。从而使交换机的直流电压适应范围更宽,蓄电池的容量可以得到充分的利用。

除上述供电系统外,还有太阳能供电系统和混合供电系统等。太阳能供电系统由太阳能电池、蓄电池组、迭制配电设备组成,有光照时靠太阳电池供电,并对蓄电池充电,无光照时由蓄电池供电,它是直流供电系统的一种。如果由太阳电池、风力发电、市电或油机发电机等两种或两种以上发电设备供电的系统则称为混合供电系统。

1.4 通信接地系统

为了保证通信质量并确保人身与设备安全,通信电源的交流供电系统和直流供电系统都必须有良好的接地装置,使各种电气设备的零电位点与大地有良好的电气连接。

按照功能,通信电源接地,可分为工作接地(直流电源的正极或负极接地称为直流工作接地、交流电源中性线接地称为交流工作接地)、保护接地和防雷接地。

我国从 20 世纪 80 年代以来,根据防雷等电位原则,通信局(站)均采用联合接地。联合接地方式是交、直流工作接地,保护接地以及建筑防雷接地等共同合用一组接地系统的接地方式。联合接地系统由接地网(由一组或多组接地体在地下相互连接构成)、接地引入线、接地汇聚线和接地线 4 部分组成。

-48 V 或 -24 V 电源系统,电源正端必须可靠接地;$+24$ V 电源系统,电源负端必须可靠接地。此即直流工作接地。电源设备的金属外壳必须可靠地进行保护接地。直流工作接地的接地线和保护接地的接地线应分别单独与接地汇聚线(或汇流排)连接。严禁在接地线中加装开关或熔断器。

1.5　通信电源系统的发展趋势

近年来由于微电子技术和计算机技术在通信设备中的大量应用,若通信电源瞬时中断,会丢失大量信息,所以通信设备对电源可靠性的要求也越来越高。同时,由于通信设备的容量大幅度提高,因此,一旦电源中断,将造成巨大的经济损失和极坏的政治影响。

1. 提高交流供电系统可靠性

许多通信设备对环境温度的要求很高,机房空调设备的供电非常重要,此外,许多数据服务器、计费设备也需要可靠的交流电源。近年来,交流不间断电源、通信逆变器、交流稳压电源和无人值守油机发电机组的技术水平迅速提高,大大提高了交流供电的可靠性和供电质量,一旦市电中断,几分钟内,油机发电机组即可正常供电,为交流电提供了有力的技术保障。

2. 实施分散供电

采用集中供电系统时,一旦电源出现故障,将造成大范围通信中断,从而造成巨大的经济损失和极大的社会影响。分散供电方式实际上是指直流供电系统采用分散供电方式,而交流供电系统基本上仍然是集中供电。

3. 电源设备与通信设备的一体化

通信设备和电源设备(包括一次和二次电源设备)装在同一机架内,由外部交流电源供电的方式,称为一体化供电方式。采用这种供电方式时,通常通信设备位于机架的上部,开关整流模块和阀控铅酸蓄电池组装在机架的下部。目前光接入单元(ONU)和移动通信基站都采用这种供电方式。在可靠性要求较高的通信设备中,都应设置备用整流模块。

4. 电源设备集中监控,实现少人值守和无人值守

通信电源系统可靠工作越来越重要,电源维护人员必须及时了解各种设备的运行状况和出现的问题,及时采取措施。电源设备的维护工作要通过远程监测与控制来完成。这就要求电源自身具有监控功能,并配有标准通信接口,以便与后台计算机或与远程维护中心通过传输网络进行通信,交换数据,实现集中监控。从而提高维护的及时性,减小维护工作量和人力投入,提高维护工作的效率。各种电源设备发展非常迅速,随着无人(少人)值守制度的推行,组合电源逆变器、整流器转换、油机启动、不停电电源全套设备都能实现自动化、系列化、标准化,满足自动监控系统的要求。在 20 世纪 90 年代后期,动力环境集中监控系统的推广和应用,更加促进了电源设备自动化程度的提高。通过监控系统,维护人员可以坐在维护中心,察看每个设备运行的情况,甚至控制相应设备,改变其运行方式。

5. 功能模块化:自由组合扩容互为备用

提高安全系数,模块化有两方面的含义:其一是指功率器件的模块化;其二是指电源单元的模块化。为了提高系统的可靠性,而把相关的部分做成模块。把开关器件的驱动、保护电路也装到功率模块中去,构成了"智能化"功率模块(IPM),这既缩小了整机的体积,又方便了整机设计和制造。多个独立的模块单元并联工作,采用均流技术,所有模块共同分担负载电流,一旦其中某个模块失效,其他模块再平均分担负载电流。这样,不但提高了功率容量,在器件容量有限的情况下满足了大电流输出的要求,而且通过增加相对整个系统来说功率很小的冗余电源模块,便极大地提高了系统可靠性,即使万一出现单模块故障,也不会影响系统的正常

工作,而且为修复提供了充分的时间。

现代通信要求高频开关电源采用分立式的模块结构,以便于不断扩容、分段投资,并降低备份成本。不能像习惯上采用的 1+1 的全备用(备份了 100% 的负载电流),而是要根据容量选择模块数 N,配置 $N+1$ 个模块(即只备份了 $1/N$ 的负载电流)即可。

1.6 通信电源供电要求

对通信电源供电的具体要求,主要有以下几方面。

1. 基础电源的供电质量指标

通信局(站)的基础电源分为交流基础电源和直流基础电源两大类。

(1)交流基础电源技术指标

由市电或备用发电机(含移动电站)提供的低压交流电源,称为通信局(站)的交流基础电源。交流供电质量标准如表 1-1 所示。低压交流电的额定电压为 220/380 V(三相五线制),即相电压 220 V,线电压 380 V;额定频率为 50 Hz。

通信设备用交流电供电时,在通信设备的电源输入端子处测量,电压允许变动范围为额定电压值的 +5% ~ -10%,即相电压 231~198 V,线电压 399~342 V。

通信电源设备及重要建筑用电设备用交流电供电时,在设备的电源输入端子处测量,电压允许变动范围为额定电压值的 +10% ~ -15%。

交流电的频率允许变动范围为额定值的 ±4%,即 48~52 Hz。

交流电的电压波形正弦畸变率应不大于 5%。电压波形正弦畸变率是电压的谐波分量有效值与总有效值之比。

大、中型通信局(站)应根据《全国供用电规则》的要求安装无功功率补偿装置,使之采用 100 kVA 以下变压器时,功率因数不小于 0.85;采用 100 kVA 以上变压器时,功率因数不小于 0.9。

此外,三相供电电压不平衡度应不大于 4%。

表 1-1　交流供电质量标准

标称电压/V	受端子上电压变动范围/V	频率标称值/Hz	频率变动范围/Hz	功率因数	
				100 kVA 以下	100 kVA 以上
220	187~242	50	±2	≥0.85	≥0.9
380	323~418	50	±2	≥0.85	≥0.9

(2)直流基础电源技术指标

向各种通信设备和二次变换电源设备或装置提供直流电压的电源,称为通信局(站)的直流基础电源。

现代电信系统对直流供电电压的质量要求很高,电压不允许瞬间中断,且其波动、瞬变和杂音电压应小于允许的范围,其中杂音电压是指整流设备及直流交换器输出电压中的脉动成分,这种脉动成分由各种频率交流电压组成。杂音电压有电话衡重杂音、峰-峰值杂音、宽频杂音、离散频率杂音四种。直流供电质量标准如表 1-2 所示。

直流供电回路接头(直流配电屏以外的接头)压降应符合下列要求:1 000 A 以下,每 100 A 接头压降不大于 5 mV;1 000 A 以上,每 100 A 接头压降不大于 3 mV。

表 1-2 直流供电质量标准

标准电压/V	电信设备受电端子上电压变动范围/V	杂音电压/mV			供电回路全程
		衡重杂音	峰—峰值	宽频杂音(有效值)	最大允许压降/V
−48	−40～−57	≤2	200 0～300 kHz	≤50 3.4～150 kHz ≤5 150 kHz～30 MHz	3
24	19.8～28.2	2.4≤			1.8

2. 供电可靠性

通信电源系统的可靠性用"不可用度"指标来衡量。电源系统的不可用度是指电源系统故障时间与故障时间和正常供电时间之和的比,即

电源系统不可用度=故障时间/(故障时间+正常供电时间)

通信电源系统主要设备的可靠性,用"不可用度"和"平均失效间隔时间(MTBF)"指标来衡量。

3. 安全供电

通信电源系统安全供电非常重要,为了保证人身、设备和供电的安全,应满足以下要求。

首先,通信局(站)电源系统应有完善的接地与防雷设施,具备可靠的过压和雷电防护功能,电源设备的金属壳体应可靠地实施保护接地;其次,通信电源设备及电源线应具有良好的电气绝缘性能,包括有足够大的绝缘电阻和绝缘强度;最后,通信电源设备应具有保护与告警功能。

4. 电磁兼容性

高频开关电源等通信电源设备只有具备良好的电磁兼容性,才能在复杂的电磁环境中不但自身可以正常工作,而且不干扰别的设备正常运行。

电磁兼容性(Electromagnetic Compatibility,EMC)的定义是:设备或系统在其电磁环境中能正常工作且不对该环境中任何事物构成不能承受的干扰的能力。它有两方面的含义:一方面任何设备不应干扰别的设备正常工作;另一方面对外来的干扰有抵御能力,即电磁兼容性包含电磁干扰和对电磁干扰的抗扰度两个方面。

复习思考题

1. 简述通信电源系统的作用。
2. 简述通信电源系统的构成。
3. 什么是接地?接地系统有什么作用?
4. 通信电源供电要求有哪些?

第2章　高低压交流配电系统

2.1　交流供电系统概述

　　电力系统是由发电厂、电力线路、变电站、电力用户组成的供电系统。通信局(站)属于电力系统中的电力用户。市电从生产到引入通信局(站),通常要经历生产、输送、变换和分配等4个环节。

　　在电力系统中,各级电压的电力线路以及相联系的变电站称为电力网,简称电网。通常用电压等级及供电范围大小来划分电网种类,一般电压在10 kV以上到几百千伏且供电范围大的称为区域电网。

　　如果把几个城市或地区的电网组成一个大电网,则称国家级电网。电压在35 kV以下且供电范围较小,单独由一个城市或地区建立的发电厂对附近的用户供电,而不与国家电网联系的称为地方电网。

　　而包含配电线路和配电变电站,电压在10 kV以下的电力系统称为配电网。

　　我国发电厂的发电机组输出额定电压为3.15~20 kV,为了减少线路能耗和压降,节约有色金属和降低线路工程造价,必须经发电厂中的升压变电所升压至35~500 kV,再由高压输电线输送到受电区域变电所,降压至10 kV,经高压配电线送到用户配电变电所降压至380 V低压,供用电设备使用。

　　从发电厂到用户的送电过程如图2-1所示。

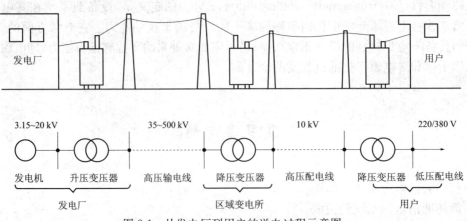

图2-1　从发电厂到用户的送电过程示意图

电力系统的供电质量要求和电压标准

在电能的传送和分配过程中,要求电力系统供电安全可靠,停电次数少而且停电时间短,电压变动小,频率变化小,波形畸变小等。

我国规定,10 kV 及以下配电网低压电力设备的额定电压偏差范围为±7%额定电值,低压照明用户为+5%;-10%额定电压值,频率为 50±0.5 Hz,正弦波畸变率极限小于 5%。

对于电信局(站)中的配电变压器,其一次线圈额定电压即为高压配电网电压,即 6 kV 或 10 kV。二次线圈额定电压因其供电线路距离较短。一般选 400/230 V,而用电设备受电端电压为 380/220 V。

一般规定低压指额定电压为 1 000 V 及以下,高压指额定电压在 1 000 V 以上,超高压指 220 kV 或 330 kV 以上,特高压指 1 000 kV 及以上。我国目前采用的输电标准电压有 35 kV、110 kV、220 kV、330 kV、500 kV,配电标准电压有 10 kV、6 kV。

根据通信局(站)的需用功率,县以上城市的通信局(站)常采用两路或一路 10 kV 的高压市电电源供电,有的县级城市及以下的小容量通信局(站)采用 220/380 V 的低压市电电源供电。移动通信基站根据具体情况,由 10 kV 高压或低压市电供电。

2.2　交流高压配电系统

2.2.1　交流高压配电系统组成

高压交流供电系统由高压供电线路、高压配电设备及降压电力变压器(又称配电变压器)组成。较大的通信局、长途通信枢纽大楼为保证高质量的稳定市电,以及供电规范要求(超过 600 kVA 变压器),一般都由市电高压电网供电。为保证供电的可靠性,通常都从两个不同的变电站引入两路高压,其运行方式为用一、备一,并且不实行与供电局建立调度关系的调度管理,同时要求两路电源开关(或母联开关)之间加装机械连锁或电气连锁装置,以避免误操作或误并列。为控制两路高压电源,常用成套高压开关柜,开关柜的一次线路可根据进出线方案、电路容量、变压器台数和保护方式先用若干一次线路方案的高压开关柜组成高压供电系统。目前大多数较大的通信局、长途通信枢纽大楼多选用单母线用断路器分段的方式供电,其系统如图 2-2 所示。

来自两个不同供电局变电站的两路高压经户外隔离开关、电流互感器、高压断路器接到高压母线,然后经隔离开关、计量柜、测量及避雷器柜、出线柜接到降压变压器。

较小容量的变电站(所)如果只有一路高压引入,为节省成本,也可以不用成套高压开关柜,采用熔断器、负荷开关等高压电器进行简单控制后直接引入变压器。

2.2.2　高压配电方式

高压配电方式,是指从区域变电所将 10kV 高压送至企业变电站(所)及高压用电设备的接线方式。高压配电网的基本接线方式有 3 种——放射式、树干式及环状式。

(1)放射式配电方式

放射式配电就是从区域变电所的 10 kV 母线上引出一路专线,直接接至通信局(站)的变

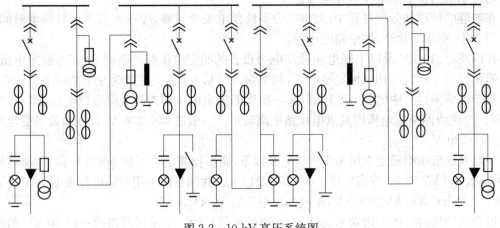

图 2-2　10 kV 高压系统图

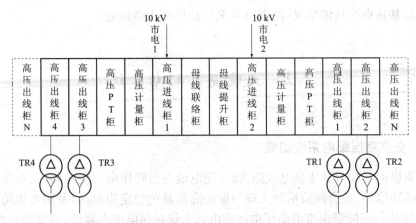

注:"高压进线柜 1"与"高压进线柜 2"应设置电气、机械互锁。

图 2-3　总容量超过 6 000 kVA 方案示意图(标准型)

电站(所)的配电方式。沿线不接其他负荷,各用户变电站(所)之间无联系,如图 2-4 所示。放射式配电方式线路敷设简单,维护方便,供电可靠,不受其他用户干扰,但投资较大,适用于一级负荷。

(2)树干式配电方式

树干式配电方式是指由区域变电所引出的各路 10 kV 高压干线沿市区街道敷设,各中小企业变电所都从干线上直接引入分支线供电,如图 2-5 所示。这种高压配电方式的优点是区域变电所 10 kV 的高压配电装置数量减少,投资相应可以减少;缺点是供电可靠性差,只要干线线路上任一段发生故障,线路上各用户的变电站(所)都将断电。

(3)环状式配电方式

环状式配电方式如图 2-6 所示,其优点是运行灵活,供电可靠性较高;当线路的任何地方出现故障时,在短时间停电后,只要将故障侧开关断开,切断故障点,便可恢复供电。为了避免环状线路上发生故障时影响整个电网,通常将环状线路中某个开关断开(如图中 N 点),使环状线路呈"开环"状态。

对于双路电源供电的用户和 35 kV 及以上电压供电的用户的运行方式由电力调度部门

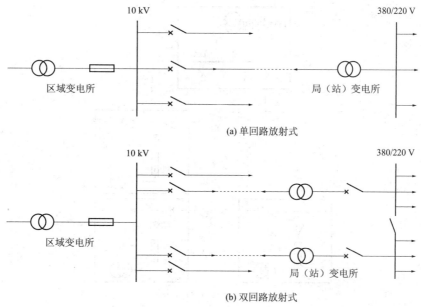

(a) 单回路放射式

(b) 双回路放射式

图 2-4　放射式配电方式

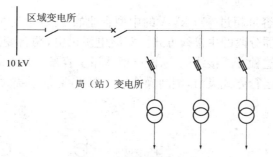

图 2-5　树干式配电方式

实行统一调度。

2.2.3　用户变、配电所的主接线

变电站(所)主接线,是指按照一定顺序和规程要求,连接变配电一次设备,表示供电分配的路径和方式的一种电路形式,也可称为一次接线。它直观地表示了变电站(所)的结构特点、运行性能、使用电气设备的多少及前后安排等关系,是电气设备选择及确定配电装置安装方式的依据,也是运行人员进行各种倒闸操作和事故处理的重要依据,对变电站(所)安全运行、电气设备的选择、配电设备的布置和供电质量有非常重要的意义。它用图形和符号表示电力变压器、断路器、隔离开关、避雷器、互感器、电容器、母线、电力电缆等设备的配置和连接关系,称为电气主结线图。电气主结线图通常以单线图形式表示。

主接线的基本形式有单母线接线、双母线接线、桥式接线等多种。

根据现有通信局站的高压供电方式,这里着重介绍 10 kV 两种常用主接线。

对于 10 kV 供电的用户的变、配电所的主接线多采用线路变压器组或单母线接线方式。10 kV 容量为 160～600 kVA 的工企用电单位的变、配电所多采用高供低量的供电方式,即高

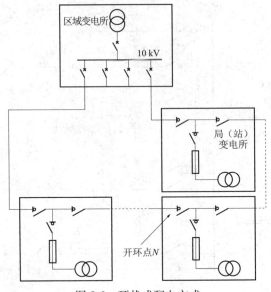

图 2-6　环状式配电方式

压供电,在低压则计量但应加计变压器损失。对于这种供电方式的用户常采用线路、变压器组方式的主接线系统(如图 2-7 所示)。

对于受电变压器总容量超过 600 kVA 的中型企业的变、配电所可采用单路电源供电,单母线用隔离开关或断路器分段的主接线方式。双路电源供电,两台变压器采用单母线用断路器分段的主接线方式。这种方式接线的变、配电所适用于容量 1 000 kVA 及以上的双路供电的企业,供电比较可靠,运行方式灵活,倒闸操作比较方便,通信系统大型局站常采用这种主接线(如图 2-8 所示)。

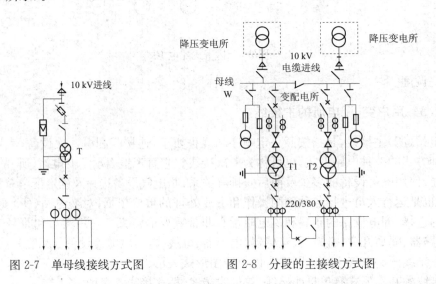

图 2-7　单母线接线方式图　　　　图 2-8　分段的主接线方式图

2.2.4　高压电器设备

高低压电器,一般是根据工作电压来划分的。高低压电器的分界线交流是 1 kV(直流则为 1 500 V),交流 1 kV 以上为高压电器,1 kV 及以下为低压电器。高压电器是在高压线路中用来实现关合、开断、保护、控制、调节、量测的设备。一般的高压电器包括开关电器、量测电器和限流、限压电器。

高压电器在通信电源的交流供电系统中,种类也很多。归纳起来分以下 3 种。

一、高压开关电器

高压开关电器主要用于高压交流配电系统中。要求工作可靠。高压开关电器是主要用来关合与开断正常电路和故障电路,或用来隔离电源、实现安全接地的一种高压电器设备。能分断高压交流电源,能在正常负荷下控制系统的通与断。这类高压电器有高压隔离开关、高压断路器等。

1. 高压隔离开关

高压隔离开关用来隔离电路或电源,在闭合位置时能承载正常电流及规定的短路电流,有时能开断很小的电容电流及容量不大的变压器的空载电流,有时能开合母线转换电流。隔离开关用于隔离检修设备与高压电源。当电气设备检修时,操作隔离开关使需检修的设备与同电压的其他部分呈明显的隔离。

隔离开关在分闸位置时,被分离的触头之间有可靠绝缘的明显断口;在合闸位置时,能可靠地承载正常工作电流和短路故障电流。它不是用以开断和关合所承载的电流,而是主要为满足检修和改变线路连接的需要,用来对线路设置一种可以开闭的断口。

隔离开关的具体用途如下。

(1)检修与分段隔离

利用隔离开关断口的可靠绝缘能力,使需要检修或分段的线路与带电的线路相互隔离。为确保检修工作的安全。由接地开关供检修对接地。

(2)倒换母线

在断口两端接近等电位的条件下,带负荷进行分闸、合闸,变换双母线或其他不长的并联线路的接线。

(3)分、合带电电路

利用隔离开关断口分开时在空气中自然熄弧的能力,用来分合很小的电流。例如用以分合套管、母线、不长的电缆等的充电电流以及测量用互感器或分压器等的电流。

(4)自动快速隔离

快速隔离开关具有自动快速分开断口的性能。这类隔离开关在一定条件下,与快速接地开关、上一级断路器联合使用,能迅速地隔开已发生故障的设备,起到防止故障扩大和节省断路器用量的作用。

隔离开关无特殊的灭弧装置,因此它的接通与切断不允许在有负荷电流的情况下进行,否则断开隔离开关的电弧会烧毁设备,甚至造成短路故障。所以须要接通或断开隔离开关时,应先将高压电路中断路器分断之后才能进行,典型高压隔离开关如图 2-9 所示。

2. 高压断路器

高压断路器不仅能关合、开断正常的负荷电流,也用来开合故障电流,且当发生短路故障(或其他异常运行状态、欠压、过流等)时可以实现自动分闸、自动重合闸。因此高压断路器是一种多功能的自动开关(如图 2-10 所示)。

图 2-9　高压隔离开关

图 2-10　高压断路器

断路器在电力系统中起着两方面的作用：一是控制作用，即根据电力系统运行需要，将一部分电力设备或线路投入或退出运行；二是保护作用，即在电力设备或线路发生故障时，通过继电保护装置作用于断路器，将故障部分从电力系统中迅速切除，保证电力系统无故障部分的正常运行。

高压断路器按其所采用的灭弧介质，可分为下列几种类型。

（1）油断路器

油断路器：采用变压器油作为灭弧介质的断路器，称为油断路器，如断路器的油还兼作开断后的绝缘和带电部分与接地外壳之间的绝缘介质，称为多油断路器，油仅作为灭弧介质和触头开断后的绝缘介质，而带电部分对地之间的绝缘介质采用瓷或其他介质的，称为少油断路器，主要用在不需频繁操作及不要求高速开断的各级电压电网中。

少油断路器（又称油开关），属户内式高压断路器，是高压开关设备最重要、最复杂的一种设备，既能切断负载又能自动保护，广泛应用于发电厂和变电所的高压开关柜内。

SN10-10 型高压少油断路器的基本结构有框架、传动机械及油箱，油箱外部用绝缘筒包裹，内部下端为基座，导电杆的转轴和传动机构装在基座内，基座上又固定着滚动触头。油箱上端是铝帽，帽下部为瓣形静触头，帽上部为油气分离室，中部为灭弧室。

一旦断路器触头断开时，传动杆因分闸弹簧放松而使导电动触杆迅速下移，导电动触杆与静触头之间便产生电弧。由于绝缘油因高温而气化，灭弧室内气压随之升高，迫使静触头的小钢球压住中心上，于是油和气相混合以横吹的方式冷却电弧，当断路器合闸时上出线端、静触头、导电触头、导电动触杆、中间滚动触头、下出线端组成导电通路。

（2）六氟化硫（SF_6）断路器

六氟化硫（SF_6）断路器：SF_6 断路器用 SF_6 气体作为灭弧介质。SF_6 气体是理想的灭弧介质，它具有良好的热化学性与强负电性，具有优良灭弧性能和绝缘性能。在电力系统中广泛应用。适用于频繁操作及要求高速开断的场合，不适用于高海拔地区。

（3）真空断路器

真空断路器：利用真空的高介质强度来灭弧的断路器，称为真空断路器，真空断路器应用真空作为绝缘和灭弧介质。断路器开断时，电弧在真空灭弧室触头材料所产生的金属蒸气中燃烧，简称为真空电弧。现已大量应用在 7.2～40.5 kV 电压等级的供（配）电网络上也主要用于频繁操作及要求高速开断的场合，但在海边地区使用时，应注意防凝露，因为会使断路器灭弧室灭弧能力下降。

ZNL 系列三相户内高压真空断路器（以下简称断路器）可用于额定频率 50 Hz，额定电压 6～12 kV，额定电流至 630A，额定短路开断电流至 12.5 kA 的电力系统中，作为高压电器设备的控制和保护开关。断路器主要由操作机构、真空灭弧室、绝缘框及绝缘子等组成,整个布局呈立体形。

真空灭弧室的灭弧原理:灭弧室里有一对动、静导电触头,触头合上和分开,形成通断。断路器大电流的开断是否成功,关键是在于电流过零后,触头间的绝缘恢复速度是否比恢复电压上升快。实践证明,真空中的绝缘恢复之所以快,是因为在燃弧过程中所产生的金属蒸气、电子和离子,能在很短的时间内扩散,并被吸附在触头和屏蔽罩等表面上,当电流在自然过零时,电弧就熄灭了,触头间的介质强度迅速恢复起来。

3. 高压负荷开关

高压负荷开关是指能关合、开断及承载运行线路正常电流(包括规定的过载电流),并能关合和承载规定的异常电流(如短路电流)的开关设备(如图 2-11 所示)。通常按灭弧介质或灭弧方式分类,更新发展的品种主要有产气、压气(空气)、SF$_6$和真空等形式。高压负荷开关的分类与特点如表 2-1 所示。

图 2-11　高压负荷开关

表 2-1　高压负荷开关的分类与特点

类别		适用电压范围/kV	特　点
空气中	产气式	6～35	结构简单,开断性能一般,有可见断口,参数偏低,电寿命短,成本低
	压气式	6～35	结构简单,开断性能好,有可见断口,参数偏低,电寿命中等,成本低
	六氟化硫	6～220	适用范围广,参数高,电寿命长,成本偏高
	真空	6～35	参数高,电寿命长,成本偏高
SF$_6$ 气体绝缘开关设备中	六氟化硫	6～220	外形尺寸小,参数高,电寿命长,成本较高,只能用于 SF$_6$ 气体中

凡不需要短路保护,只要求控制操作的场合均宜选择负荷开关。应根据使用地点的参数、操作频繁程度选择不同形式的产品。操作不多的场合可选用产气式或压气式负荷开关;操作频繁或气体绝缘设备中,应选用 SF$_6$ 或真空负荷开关。

负荷开关应按照产品说明书中的规定和运行安全规程进行安装调整。运行期间应监视气体压力或真空度。保持运动部件的润滑良好,防止生锈,防止紧固件在多次操作后松动。当操作次数或电寿命达到制造厂提供的规定次数时,应及时检修或更换有关零部件。

二、高压保安电器

主要是用于交流高压配电系统中。配电系统对电器要求是:当线路发生过载、短路、过电压故障时,对电源设备起到保护工作。这类电器有高压熔断器、避雷器。高压熔断器按使用场合可分为户内管式熔断器和户外跌落式熔断器。避雷器有阀式避雷器和管式避雷器。通信电力系统采用阀式避雷器。阀式避雷器按工作电压等级可分为高压阀式避雷器和低压阀式避雷器。

(1)高压熔断器

高压熔断器俗称保险。高压熔断器是电力系统中过载和短路故障的保护设备,当电流超过给定值一定时间,通过熔化一个或几个特殊设计的和配合的组件,用分断电流来切断电路的器件。高压熔断器具有结构简单、体积小、价格适宜、维护方便、保护动作可靠和消除短路故障时间短等优点;但也有如不能分合操作、动作后需更换熔断件、易造成缺相供电等不足之处。

喷射式熔断器中使用最多的是跌落式熔断器,它是一种在熔断器动作后,载熔件自动跌落到一个位置以提供隔离功能的熔断器。它用于户外装置。为满足自动跌落的要求,载熔件上必须设置有可拉紧固定的活动关节部分。

图2-12示出一种跌落式熔断器的外形,为双端排气结构,单柱式。

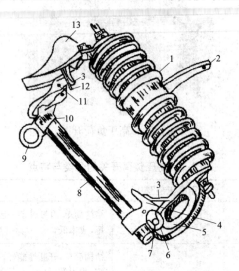

1—绝缘子;2—连接板;3—片状触头;4—下触头;5—支座;6—缺口;7—轴;
8—载熔件;9—钩环;10—上触头座;11—轴;12—上轴头;13—鸭嘴罩

图2-12 跌落式熔断器结构示意图

(2)避雷器

避雷器用来限制过电压,使电力系统中电器设备免受大气过电压和内部过电压的危害,是一种泄能装置(如图2-13所示)。最简单的有保护间隙,还有管式避雷器、阀式避雷器、磁吹避雷器。最新的有保护特性比较好的氧化锌避雷器。

三、高压测量电器

高压测量电器用来将高压电网的电压、电流降低或变换至仪表允许的测量范围内,以便进行测量。这类高压电器有电流互感器和电压互感器。一般这两种电器安装在高压开关柜内,与电压表、电流表配合进行测试。互感器如图 2-14 所示。

图 2-13 避雷器　　　　　　　　图 2-14 互感器

(1)电流互感器

电流互感器用来转换和测量线路、母线的电流供计量与保护用。传统的电流互感器是采用油纸绝缘电磁式,现在又有环氧浇注、SF_6 电流互感器,最新的有光电式电流互感器。为满足机电一体化设备需要,现在已有线性功能的电流传感器。

电流互感器是电力系统将电网中的高压信号变换传递为小电流信号,从而为系统的计量、监控、继电保护、自动装置等提供统一、规范的电流信号(传统为模拟量,现代为数字量)的装置;同时满足电气隔离,确保人身和电器安全的重要设备。

电流互感器是组成二次回路的电器,使用电流互感器的场合都是在主回路电流大于电表承受能力的情况下。一般电表承受的电流为 5 A,当主回路电流大于 5 A 时就使用电流互感器将主回路电流等比例缩小——就是所谓的变比。

电流互感器在使用中应注意事项:(1)运行中的电流互感器二次侧决不允许开路,在二次侧不能安装熔断器、刀开关;(2)电流互感器安装时,应将电流互感器的二次侧的一端(一般是K2)、铁芯、外壳做可靠接地,以预防一、二侧绕组因绝缘损坏,一次侧电压串至二次侧,危及工作人员安全。

(2)电压互感器

电压互感器用来测量线路、母线电压,以供计量和继电保护用。传统电压互感器是油纸绝缘电磁式。目前在高压、超高压范围内则用重量轻、体积小的电容式电压互感器。

电压互感器在运行中一定要保证二次侧不能短路,因为其在运行时是一个内阻极小的电压源,正常运行时负载阻抗很大,相当于开路状态,二次侧仅有很小的负载电流。

若二次侧短路时,负载阻抗为零,将产生很大的短路电流,巨大的发热会将互感器烧坏,甚至导致发生设备爆炸事故。

2.2.5 高压开关柜

高压配电设备主要由高压进线隔离柜、高压进线柜、计量柜、变压器柜、母线隔离柜、联络柜、互投柜、PT(电压互感器柜)、直流屏、中央信号屏、电流互感器、防雷设备(避雷器)、接地刀闸、高压母线、变压器、继电保护装置等组成。

1. 进线隔离柜

进线隔离柜主要采用手车式隔离柜,内置高压隔离开关。进线隔离柜是电气系统中重要的开关电器。主要功能是:保证高压电器及装置在检修工作时的安全,在高压进线处起隔离电压的作用。

进线隔离柜不能用于切断、投入负荷电流和断开短路电流,仅可用于不产生强大电弧的某些切换操作,不具有灭弧功能,隔离柜不能单独工作,必须与高压断路器配合使用。

2. 高压进线柜

高压进线柜是高压断路器,是变配电室主要的电力控制设备,具有灭弧特性。当系统正常时,它能切断和接通线路及各种电气设备的空载和负载电流;当系统发生故障时,它和继电保护配合,能迅速切断故障电流,以防止事故范围。

3. 计量柜

计量柜内安装各类计量仪表,及电能量采集器、三相三线电子式多功能电能表、高压峰谷表。作用是计量实际电能消耗量。

4. 变压器柜

变压器柜同高压进线柜,主要是起到切断和接通变压器的空载和负载电流及切断变压器故障、短路等事故电流作用。

注意:向高压电动机等用电设备供电的柜子叫作高压出线柜。

5. 母线隔离柜

母线隔离柜的基本结构与进线隔离柜相同。作用基本与进线隔离柜相同,即在两路高压电源间产生明显断开点。

6. 联络柜

联络柜的基本结构与高压进线柜相同。作用与高压进线柜相同,主要是起到切断和接通两路电源之间高压母线的空载和负载电流及切断高压母线之间的故障、短路等事故电流的作用。

7. PT 柜

PT 柜主要由 PT 手车组成,内置电压互感器。作用是将 10 kV 电压变换成 0.1 kV,可向继电保护和计量仪表供电,也可以通过电压互感器为操作系统提供工作电源。

8. 电流互感器

电流互感器的工作原理与变压器相似,是用来交换交流电流的仪器,用于测量比较大的电流,向测量仪表、继电器的电流线圈供电,反映设备和网络的正常运行和故障情况。

9. 避雷设备

安装避雷器后,如果有过电压其将动作,使高压开关柜的电压控制在安全范围内,从而保护了高压电器设备的安全。

10. 接地开关柜

接地开关柜内置接地刀闸,是用于将回路接地的一种机械式开关装置,它给变压器进线开关出线侧提供接地保护,以及用户变压器维修、保养时的安全接地保护。

11. 直流屏

直流屏由交流电源、整流装置、充电(稳流+稳压)机、蓄电池组、直流配电系统组成。其作用是给配电室内的高压设备和二次回路提供操作、测量、保护等电源。

12. 中央信号屏

中央信号屏采用智能微机控制报警装置,可以提供 10 kV 所有开关和 0.4 kV 主开关及母联开关的位置指示信号,全部开关柜的事故及预告信号的音响及光字显示,即各断路器非操作掉闸事故信号及直流系统故障、熔断器熔断、变压器温度过高、变压器风机启动的预告信号。

13. 高压母线

高压母线由铜质导电体、连接螺栓等组成。其作用是汇集、分配电能。

14. 变压器

变压器在变配电室内起变换电压的作用,将 10 kV 电压变换成 0.4 kV 电压,以适应用户需要。

15. 环网柜

环网柜由高压负荷开关、熔断器、表计等组成。其在一些用电量较小的建筑物内,作为高压柜使用。

根据通信局楼的重要性和建设规模,可以选择以下的高压配电模式。

1. 配置模式一

2 路 10 kV 高压市电引入,变压器容量为 630 kVA 以下,宜配置高压环网柜。当通信枢纽楼近期不能满足 2 路市电引入时,在机房空间具备情况下,应预留另一路市电引入和另一台变压器输出柜的位置,建设初期高压引入线应按终期考虑采用电力电缆截面。如图 2-15 所示。

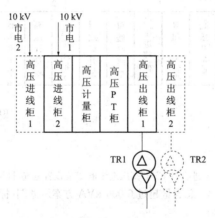

注:"高压进线柜 1"与"高压进线柜 2"应设置电气、机械互锁。

图 2-15　总容量 630 kVA 以下配置方案示意图(经济型)

2. 配置模式二

2 路 10 kV 高压市电引入,变压器容量为 630 kVA 以上,宜配置高压中置柜。当通信枢纽楼近期不能满足 2 路市电引入时,在机房空间具体情况下,应预留另一路市电引入和另一套变压器输出柜的位置,建设初期高压引入线应按终期考虑采用电力电缆截面。如图 2-16 所示。

2.2.6　高压配电柜倒闸操作有关技术要求

倒闸操作就是将电气设备由一种状态转换到另一种状态,即接通或断开高压断路器、高压隔离开关、自动开关、刀开关、直流操作回路、整定自动装置(或继电保护装置)、安装(或拆除)临时接地线等。

高压电气设备倒闸操作的技术要求如下。

(1)高压断路器和高压隔离开关(或自动开关及刀开关)的操作顺序规定如下:停电时,先断开高压断路器(或自动开关),后断开高压隔离开关(或到开关);送电时,顺序与此相反。严

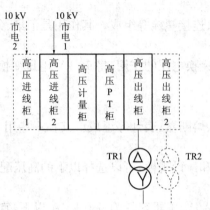

图 2-16 总容量不超过 6 000 kVA 方案示意图(经济型)

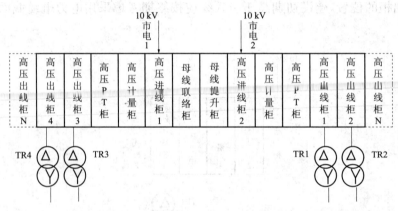

注:"高压进线柜 1"与"高压进线柜 2"应设置电气、机械互锁。

图 2-17 总容量超过 6 000 kVA 方案示意图(标准型)

禁带负荷拉、合隔离开关(或刀开关)。

(2)高压断路器(或自动开关)两侧的高压隔离开关(或刀开关)的操作顺序规定如下:停电时先拉开负荷侧隔离开关(或刀开关),后拉开电源侧隔离开关(或刀开关);送电时,顺序与此相反。

(3)变压器两侧开关的操作顺序规定如下:停电时,先拉开负荷开关,后拉开电源侧开关;送电时,顺序与此相反。

(4)单极隔离开关及跌落保险的操作顺序规定如下:停电时,先拉开中相,后拉开两边相;送电时,顺序与此相反。

(5)双母线接线的变电所,当出线开关由一条母线倒换至另一条母线供电时,应先合母线联络开关,而后再切换出线开关母线册的隔离开关。

(6)操作中,应注意防止通过电压互感器二次返回高压。

(7)用高压隔离开关和跌落保险拉、合电气设备时,应按照制造厂的说明和实验数据确定的操作范围进行操作。缺乏此项资料时,可参照下列规定(指系统运行正常情况下的操作):

①可以分、合电压互感器、避雷器;

②可以分、合母线充电电流和开关旁路电流;

③可以分、合变压器中性点直接接地点;

④10 kV 室外三级、单极高压隔离开关和跌落保险,可以分、合的空载变压器容量不大于560 kVA;可以分、合的空载架空线路不大于 10 km。

⑤10 kV 室内三极隔离开关可以分、合的空载变压器容量不大于 320 kVA;可以分、合的空载架空线路不大于 5 km。

(8)当采用电磁操动机构合高压断路器时,应观察直流电流表的变化,合闸后电流表应返回。连续操作高压断路器时,应观察直流母线电压的变化。

2.2.7　高压交流供电系统维护基本要求

1. 配电屏四周的维护走道净宽应保持规定距离(≥0.8 m),前后走道均应铺绝缘胶垫。

2. 高压室禁止无关人员进入,在危险处应设防护栏,并在明显处设"高压危险,不得靠近"等字样的告警牌。

3. 高压室各门窗、地槽、线管、孔洞应做封堵处理,严防水及小动物进入,应采取相应的防鼠灭鼠措施。

4. 为安全供电,专用高压输电线和电力变压器不得搭接外单位负荷。

5. 高压防护用具(绝缘鞋、手套等)必须专用,高压验电器、高压拉杆绝缘应符合规定要求,定期检测试验。

6. 高压维护人员必须持有高压操作证,无证者不准进行操作。

7. 变配电室停电检修时,应报主管部门同意并通知用户后再进行。

8. 继电保护和告警信号应保持正常,严禁切断警铃和信号灯,严禁切断各种保护连锁。

9. 停电检修时,应先停低压、后停高压;先断负荷开关,后断隔离开关。送电顺序相反。切断电源后,三相相线上均应接地线。

2.2.8　保证安全的措施

1. 组织措施

在电气设备上工作,保证安全的组织措施为:①工作票制度;②工作许可制度;③工作监护制度;④工作间断、转移和终结制度。

(1)工作票制度

工作票是准许在电气设备上工作的书面命令,也是明确安全职责,向工作人员进行安全交底,履行工作许可手续,工作间断、转移和终结手续,并实施保证安全技术措施等的书面依据。因此,在电气设备上工作时,应按要求认真使用工作票或按命令执行。其方式有下列 3 种:①第一种工作票;②第二种工作票;③口头或电话命令。

(2)工作许可制度

履行工作许可手续的目的,是为了在完成好安全措施以后,进一步加强工作责任感。它是确保工作万无一失所采取的一种必不可少的措施。因此,必须在完成各项安全措施之后再履行工作许可手续。

(3)工作监护制度

执行工作监护制度的目的,是使工作人员在工作过程中得到监护人一定的指导和监督,及时纠正一切不安全的动作和其他错误做法,特别是在靠近有电部位及工作转移时更为重要。

(4)工作间断、转移和终结制度。

2. 技术措施

在全部停电或部分停电的电气设备上工作,必须完成停电、验电、接地线、悬挂标示牌和装设临时遮拦等安全技术措施。上述措施由值班员执行,并应有人监护。对于无人经常值班的设备或线路,可由工作负责人执行。

(1)停电

①工作地点必须停电的设备:

- 检修的设备;
- 与工作人员进行工作中正常活动范围的距离小于表 2-2 规定的设备;
- 在 44 kV 以下的设备上进行工作,上述安全距离虽大于表 2-3 的规定,但小于表 2-2 中的规定,同时又无安全遮拦措施的设备;
- 带电部分在工作人员后面或两侧无可靠安全措施的设备。

表 2-2　设备不停电时的安全距离

电压等级/kV	10 及以下(13.8)	20、35	66、110	220	330	500
安全距离/m	0.70	1.00	1.50	3.00	4.00	5.00

注:表中未列电压按高一档电压等级的安全距离

表 2-3　工作人员工作中正常活动范围与带电设备的安全距离

电压等级(kV)	10 及以下(13.8)	20、35	66、110	220	330	500
安全距离(m)	0.35	0.60	1.50	3.00	4.00	5.00

注:表中未列电压按高一档电压等级的安全距离

②将检修设备停电,必须把各方面的电源完全断开(任何运行中的星形接线设备的中性点,必须视为带电设备)。禁止在只经断路器断开电源的设备上工作,必须拉开隔离开关,使各方面至少有一个明显的断开点。与停电设备有关的变压器和电压互感器,必须从高、低压两侧断开,防止向停电检修设备反送电。

③在检修断路器或远方控制的隔离开关时引起的停电。

(2)验电

通过验电可以明显地验证停电设备是否确实无电压,以防发生带电装设接地线或带电合接地刀闸等恶性事故。验电时应注意:

①验电时,必须使用电压等级合适而且合格的验电器,验电前,应先在有电设备上进行试验,确定验电器良好。验电时,应在检修设备进出线时,两侧各相应分别验电。如果在木杆、木梯或木构架上验电时,不接地线验电器不能指示时,可在验电器上加接接地线,但必须经值班负责人许可。

②高压验电必须戴绝缘手套、35 kV 及以上的电气设备在没有专用验电器的特殊情况下,可以用绝缘棒代替验电器,根据绝缘棒端有无火花和放电噼啪声来判断有无电压。

③信号元件和指示表不能代替验电操作。

3. 装设接地线的注意事项

(1)当验明设备确无电压后,应立即将检修设备接地并三相短路。

(2)凡是可能向停电设备突然送电的各电源侧,均应装设接地线。所装的接地线与带电部分的距离,在考虑了接地线摆动后不得小于表 2-2 所规定的安全距离。当有可能产生危险感应电压的情况时,应视具体情况适当增挂接地线,但至少应保证在感应电源两侧的检修设备上各有一组接地线。

(3)在母线上工作时,应根据母线的长短和有无感应电压等实际情况确定接地线数量。对长度为 10 m 及以下的母线,可以只装设一组接地线;对长度为 10 m 及以上的母线,则应视连接在母线上电源进线的多少和分布情况及感应电压的大小,适当增加装设接地线的数量。在门型构架的线路侧进行停电检修时,如工作地点到接地线的距离小于 10 m 时,工作地点虽在接地线外侧,也可不另装设接地线。

(4)检修部分若分为几个在电气上不相连接的部分(如分段母线以隔离开关或断路器隔开分成几段),则各段应分别验电接地短路。接地线与检修部分之间不得连有断路器或保险器。降压变电所全部停电时,应将各个可能来电侧的部分都分别接地短路,其余部分不必每段都装设接地线。

(5)为了保证接地线和设备导体之间接触良好,对室内配电装置来说,应将接地线悬挂在刮去油漆的导电部分的固定处。

(6)装设或拆除接地线必须由两人进行,一人监护,一人操作。若为单人值班,只允许操作接地刀闸或使用绝缘棒合、拉接地刀闸。

(7)在装、拆接地线的过程中,应始终保证接地线处于良好的接地状态。在装设接地线时,必须先接接地端,后接导体端,拆除接地线时则与此相反。为确保操作人员的人身安全,装、拆接地线均应使用绝缘棒或戴绝缘手套。

(8)接地线应使用多股软裸铜线,其截面积应符合短路电流的要求,但不得小于 25 mm^2。接地线在每次装设以前应经过详细检查,损坏的接地线应及时修理或更换。禁止使用不符合规定的导线作接地或短路之用。接地线必须使用专用的线夹固定在导体上,严禁用缠绕的方法进行接地或短路。

(9)当在高压回路上的工作,需要拆除全部或一部分接地线后才能进行工作者(如测量母线和电缆的绝缘电阻,检查断路器触头是否同时接触),需经特别许可。下述工作必须征得值班员的许可(根据调度员的命令装设的接地线,必须征得调度员的许可)方可进行,工作完毕后立即恢复:① 拆除一相接地线;② 拆除接地线,保留短路线;③ 将接地线全部拆除或拉开接地刀闸。

(10)每组接地线均应编号,并存放在固定地点。存放位置亦应编写,接地线号码与存放位置号码必须一致。

(11)装、拆接地线的数量及地点都应做好记录,交接班时应交代清楚。

4. 悬挂标示牌和装设遮拦的地点

(1)在一经合闸即可送电到工作地点的断路器和隔离开关的操作把手上,均应悬挂"禁止合闸,有人工作!"的标示牌。如果线路上有人工作,应在线路断路器和隔离开关的操作把手上悬挂"禁止合闸,线路有人工作!"的标示牌,标示牌的悬挂和拆除,应按调度员的命令执行。

(2)部分停电的工作,安全距离小于表 2-2 规定距离以内的未停电设备,应装设临时遮拦。临时遮拦与带电部分的距离,不得小于表 2-3 规定的数值。临时遮拦可用干燥木材、橡胶或其他坚韧绝缘材料制成,装设应牢固,并悬挂"止步,高压危险!"的标示牌。35 kV 及以下设备的临时遮拦,如因工作特殊需要,可用绝缘挡板与带电部分直接接触,但此种挡板必须具有高度的绝缘性能。

(3)为了防止检修人员误入有电设备的高压导电部分或附近,确保检修人员在工作中的安全,在室内高压设备上工作,应在工作地点两旁间隔和对面间隔的遮拦上及禁止通行的过道上悬挂"止步,高压危险!"的标示牌。

（4）在室外地面高压设备上工作，应在工作地点四周用绳子做好围栏，围栏上悬挂适当数量的"止步，高压危险！"标示牌，标示牌必须朝向围栏里面（即工作人员所处场所）。

（5）在工作地点悬挂"在此工作！"的标示牌。

（6）在室外构架上工作，则应在工作地点邻近带电部分的横梁上悬挂"止步，高压危险！"的标示牌，此项标示牌在值班人员的监护下，由工作人员悬挂。在工作人员上下用的铁架或梯子上，应悬挂"从此上下！"的标示牌。在邻近其他可能误登的架构上，应悬挂"禁止攀登，高压危险！"的标示牌。

（7）严禁工作人员在工作中移动或拆除遮拦、接地线和标示牌。

2.2.9 变压器

1. 概述

变压器是一种变换电压的静止电器，它是靠电磁感应原理把某种频率的电压变换成同频率的另一种或多种数值不等（或相等）电压的功率传输装置，以满足不同负荷的需要。

当多个电站联合起来组成一个电力系统时，除需要输电线路等设备外，也要依靠变压器把各种电压不相等的线路连接起来，形成一个系统。所以变压器是不可缺少的主要电气设备，现有的通信局站的低压配电系统基本是通过 10 kV/400 V 的变压器受电。

2. 变压器的工作原理

变压器是根据电磁感应原理工作的。图 2-18 是单相变压器的原理图。其基本工作原理当一次侧绕组上加上电压 U_1 时，流过电流 I_1，在铁芯中就产生交变磁通 ϕ_1，这些磁通称为主磁通，在它作用下，两侧绕组分别产生感应电势 E_1、E_2，感应电势公式为：$E=4.44fN\emptyset_m$

式中：E——感应电势有效值

$\quad f$——频率

$\quad N$——匝数

$\quad \phi_m$——主磁通最大值

由于二次绕组与一次绕组匝数不同，感应电势 E_1 和 E_2 大小也不同，当略去内阻抗压降后，电压 U_1 和 U_2 大小也就不同。

当变压器二次侧空载时，一次侧仅流过主磁通的电流（I_0），这个电流称为激磁电流。当二次侧加负载流过负载电流 I_2 时，也在铁芯中产生磁通，力图改变主磁通，但一次电压不变时，主磁通是不变的，一次侧就要流过两部分电流，一部分为激磁电流 I_0，一部分为用来平衡的电流 I_2，所以这部分电流随着 I_2 变化而变化。当电流乘以匝数时，就是磁势。

上述的平衡作用实质上是磁势平衡作用，变压器就是通过磁势平衡作用实现了一、二次侧的能量传递。

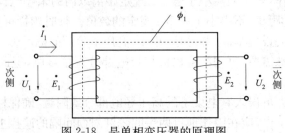

图 2-18　是单相变压器的原理图

3. 变压器的主要技术参数

(1)额定电压 U_{1N}/U_{2N}。单位为 V 或者 kV。U_{1N} 为正常运行时 1 次侧应加的电压。U_{2N} 为 1 次侧加额定电压、2 次侧处于空载状态时的电压。三相变压器中,额定电压指的是线电压。

(2)额定容量 SN。单位为 VA/kVA/MVA。SN 为变压器的视在功率。通常把变压器一、二次侧的额定容量设计为相同。

(3)额定电流 I_{1N}/I_{2N}。单位为 A/kA。是变压器正常运行时所能承担的电流,在三相变压器中均代表线电流。对三相:$I_{1N}=\text{SN}/[\text{sqrt}(3)U_{1N}]$ $I_{2N}=\text{SN}/[\text{sqrt}(3)U_{2N}]$

(4)额定频率 f_N,单位为 Hz,$f_N=50\text{Hz}$,此外,铭牌上还会给出三相联接组以及相数 m/阻抗电压 U_k/型号/运行方式/冷却方式/重量等数据。

4. 油浸式变压器

油浸式电力变压器在运行中,绕组和铁芯的热量先传给油,然后通过油传给冷却介质(如图 2-19 所示)。油浸式电力变压器的冷却方式,按容量的大小,可分为以下几种:

①自然油循环自然冷却(油浸自冷式);

②自然油循环风冷(油浸风冷式);

③强迫油循环水冷却;

④强迫油循环风冷却。

油浸式变压器应特别注意其防火安全措施。

图 2-19　油浸式变压器

5. 干式变压器

相对于油式变压器,干式变压器因没有油,也就没有火灾、爆炸、污染等问题,故电气规范、规程等均不要求干式变压器置于单独房间内。特别是新的系列,损耗和噪声降到了新的水平,更为变压器与低压屏置于同一配电室内创造了条件。干式变压器种类很多,主要有浸渍绝缘干式变压器和环氧树脂绝缘干式变压器两类。干式变压器结构如图 2-20 所示。

使用中的注意事项:干式变压器的安全运行和使用寿命很大程度上取决于变压器绕组绝缘的安全可靠。绕组温度超过绝缘耐受温度使绝缘破坏,是导致变压器不能正常工作的主要原因之一,因此对变压器的运行温度的监测及其报警控制是十分重要的。

图 2-20　干式变压器

6. 变压器定期维护内容

(1)检查运行中的变压器声响是否正常。

(2)检查变压器的油位及油的颜色是否正常,是否有渗漏油现象。

(3)检查变压器运行温度是否超过规定。

(4)检查高低压套管是否清洁,有无裂纹、碰伤和放电痕迹。

(5)检查变压器外接的高、低压熔丝是否完好。

2.3　交流低压配电系统

通信电源所指的交流低压电源即为 380 V 电源。一个局内的低压供电系统一般要遍布整个大楼,它包括低压配电室内的一系列低压配电柜作为一级配电,在各楼层和各机房内,还有二级配电屏来完成末端的配电工作。低压配电设备是将由降压电力变压器输出的低电压电源或直接由市电引入的低电压电源进行配电,用作市电的通断、切换控制和监测,并保护接到输出侧的各种交流负载。低压配电系统要完成进线、避雷、补偿、测量、计量、出线、联络等功能。

低压配电设备由低压开关、空气断路开关、熔断器、接触器、避雷器和监测用各种交流电表及控制电路等组成。

低压配电设备的主要功能:

①具有交流电源引入,能进行主/备用电源/发电机组自动/人工转换;具备电气和机械连锁,采用带中间位的自动切换开关(AutomaticTransfer Switch,ATS)、双掷刀闸或双空气断路器连锁。

②输出分路容量可根据不同用电设备的需求进行分配。

③具有过压、欠压、缺相等告警功能以及过流、防雷等保护功能。

④实时监测供电质量和交流屏自身工作状态,如三相电压、电流值,市电供电状态,主要分路输出状态等,并传送给监控模块。

通信局(站)低压交流供电系统由市电和备用发电机组组成。市电低压交流供电系统是由一台或多台变压器和低压配电设备组成的低压供电系统,当配置多台变压器时,每台变压器的低压配电设备之间均设有母联开关设备,以保证其供电可靠性。

较大容量的通信局(站)通常设置低压配电室,安装成套低压配电设备,用来接受与分配低压市电及备用油机发电机电源,对通信局(站)的所有机房保证建筑负荷和一般建筑负荷供电。其设备数量和容量,根据建设规模、所配置的变压器数量、用电设备的供电分路要求及预计远期的发展规模而确定。简单的交流供电系统由一台交流配电屏(箱)和组合式开关电源的交流配电单元组成。交流配电屏(箱)作为变压器的受电及低压配电单元。这种形式的供电系统适用于小型通信站,如微波站、移动通信基站、光缆郊外中继站等。交流配电屏(箱)的电源输入端通常是两路电源引入(市电、油机发电机)。

2.3.1　低压供电系统的运行方式

低压供电系统中不同变压器的低压侧之间的联络一般常采用手动切换,在切换时,维护人员可以根据变压器的供电能力情况合理选择优先保证的负荷。对于比较重要的通信局站,要求每台变压器必须有检修电源(备用电源),这就要求对于多个子系统的局站,一般各子系统之间都应该进行联络。

对于低压市电电源与备用发电机组电源之间的切换,最好能够自动进行,因为只有实现自动化运行,才能真正满足规范的要求,减少停电时间、减少后备电池的配置容量、减少维护人员的工作量。

在各种低压系统的切换中,一般均设置一路为主用电源,当主用电源故障时,才使用备用的分路,当主用电源恢复后,应切换回主用电源供电。

2.3.2　低压电器组合原则

(1)在供电回路中,应装有隔离电器和保护电器,对于有交流接触器的回路还应有操作电器。隔离电器主要是在电路检修时起电源隔离作用,通常用隔离开关或插头;保护电器用于切断短路电流,所采用的电器一般是低压断路器或熔断器;操作电器用于接通或断开回路,常用电器是交流接触器、组合电器或低压断路器。

(2)用熔断器和接触器组成的回路,应装设带断相保护的热继电器或采用带接点的熔断器作为断相保护。

(3)支线上采用熔断器或断路器时,干线上的断路器应有短延时的过流脱扣器保护。

(4)断路器与断路器配合时,断路器过流脱扣器配合的级差可取 0.1～0.2 s,即负荷断路器为瞬动,低压配电断路器选用短延时过流脱扣器。

(5)熔断器与熔断器配合时,额定电流上一级应比下一级大,对于 NT 型熔断器,前后级熔断器额定电流比为 1.6∶1,对于 RT0 型熔断器,前后级熔断器额定电流比为(2～2.5)∶1。

2.3.3　常见低压配电设备

较大容量的局(站)设置低压配电室,室内安装低压配电屏、市电油机转换屏等设备。油机室中设有发电机组控制屏。

(1)低压配电屏

低压成套配电装置一般称为低压配电屏,包括低压配电柜和配电箱,是按一定的线路方案将有关一、二次设备组装而成的低压成套设备。它担负着低压电能分配、控制、保护、测量等任务,并直接向用电设备供电。低压配电系统中常用的低压电器有刀开关、低压熔断器、低压断路器、交流接触器等。

（2）油机发电机组控制屏

油机发电机组控制屏用于发电机组的操作、控制、检测和保护，目前往往随油机发电机组的购入由油机发电机组厂商配套提供，其种类较多，通常和发电机组安装在一起。

（3）ATSE

自动转换开关电器简称为 ATSE，是 Automatic Transfer Switching Equipment 的缩写，它是将负载电路从一个电源自动换接至另一个（备用）电源的开关电器，用以确保重要负荷连续、可靠运行。ATSE 常应用在重要用电场合，其产品的可靠性尤为重要，转换一旦失败将会造成事故，例如电源间短路或重要负荷断电，其后果都是严重的。在重要通信枢纽局交流供电系统中，ATSE 常担负两路低压市电之间或市电与发电机之间的自动切换工作。

2.3.4　低压电器

低压电器是根据外界特定的信号和要求，自动或手动接通和断开电路，断续或连续地改变电路参数，实现对电路或非电对象的切换、控制、保护、检测和调节用的电器设备。

按我国现行标准规定，低压电器通常是指用于交流 50 Hz（或 60 Hz）、额定电压为 1 000 V 及以下，直流额定电压为 1 500 V 及以下的电路中起通断、保护、控制或调节作用的电器。

（1）刀开关

刀开关（隔离器）是一类无载通断电路、起隔离电源作用的开关电器。其主要作用是：在检修及维护其他方面的工作时，隔离电源，以确保线路和设备维修的安全，不频繁地接通和分割小容量的低压电路或直接启动的小容量电动机。

刀开关的操作使用注意事项：

①刀开关应垂直安装在开关板或条架上，并使夹座位于上方，以避免在分断位置由于刀架松动或闸刀脱落而造成误合闸。

②刀开关做隔离开关使用时，要注意操作顺序。分闸时，应先拉开负荷开关，后拉开隔离开关。合闸时顺序与分闸顺序刚好相反。

③到开关在合闸时，应保证三相同时合闸，并接触良好。如果接触不良，常会引发热而造成短路。

④没有灭弧室的刀开关，不应用作负载开关来分断电流。有分断能力的刀开关，应按产品使用说明书中规定的分断负载能力使用。否则，会引起持续然弧，甚至造成相间短路，造成事故。

（2）熔断器

熔断器是一类对电路和用电设备进行短路和过电流保护的电器，熔断器是一种当电流超过规定值一定时间后，以它本身产生的热量使熔体熔化而分断电路的电器，是一种利用热效应原理工作的电流保护器。熔断器广泛应用与低压配电系统和控制系统及用电设备中作短路和过电流保护。如图 2-21 所示为圆筒帽形熔断体。

图 2-21　圆筒帽形熔断体的外形

熔断器主要有熔体、触头插座和结缘底板组成，熔体是核心部分，它既是敏感元件又是执行元件。使用时把它串接在被保护电路中，在正常情况下，它相当于一根导线，在发生过载或短路时，电流过大，熔体受过热而熔化，把电路切断。

熔断器的操作使用注意事项：

①一定容量的负载宜接在对应容量的熔体上，防止熔断器保险过大，当负载严重过流时，保险不起作用。匹配方法：2×负载电流＝熔体额定电流。

②在配电系统中，各级熔断器应互相配合以实现选择型。一般要求前级熔体比后一级熔体的额定电流大 2～3 级，以防止发生越级动作而扩大故障停电范围。

③熔断器及熔体必须安装可靠，防止某相断开。熔断器周围介质温度与被保护对象的周围介质温度基本一致，防止保护动作产生误差。

④使用时经常清除熔断器表面积有的尘埃，拆换熔断器时，应使用同一型号规格的熔断器，不允许用其他型号规格熔断器代用，更不允许用金属导线代替熔断器接通电器。

（3）接触器

接触器是一类在电气控制系统中进行远距离控制、频繁操作的自动控制电器。

主要用来频繁地远距离接通和分断交、直流主电路或大容量控制电路。除了控制电动机外，还可用于控制照明、电热、电焊机和电容器等负载。组成部分有：电磁系统、主触头和灭弧系统、辅助触头、支架和外壳等。主触头接在主电路中，作用是接通和分断主电路，允许通过的电流较大；辅助触头接在辅助电路中，起信号的控制、保护和连锁作用，允许通过的电流较小。

接触器只能断开正常负载电流，而不能切断短路电流，所以不可单独使用，应与闸刀、熔断器和空气开关配合使用。

（4）低压断路器

低压断路器俗称为自动空气开关，是低压配电网中的主要电器开关之一，它不仅可以接通和分断正常负载电流、电动机工作电流和过载电流，而且可以接通和分断短路电流。主要用在不频繁操作的低压配电柜（箱）中作为电源开关使用，并对线路、电气设备及电动机等进行保护，当它们发生严重过电流、过载、短路、断相、漏电等故障时，能自动切断电源，起到保护作用，应用十分广泛。它相当于刀闸开关、熔断器、热继电器和欠压继电器的组合，主要是用来保护交、直流电路内的电气设备，不频繁地启动电动机及操作或转换电路。自动空气开关与接触器不同的是允许切断短路电流，但允许操作次数较低。如图 2-22 所示为 DZ20 系列塑料外壳式断路器。

（5）电流表

测量电流用的仪表，称为电流表。在配电系统中常以电流互感器配合使用测量和监视配电柜和配电单元的负荷变化情况。

（6）电流互感器

电流互感器是用来测量大电流的一种仪器，在电路中能把大电流变成小电流，供给测量仪表和继电保护装置。

使用中必须注意：电流互感器的次级二端不允许开路，因为在正常工作时，初级绕组产生的磁通被次级绕组产生的磁通相互抵消。当次级开路时，次级磁通为零，造成初级磁通增大，致使开路的次级绕组二端出现很高的感应电压，给操作人员带来一定的危险性，因此使用中需将次级绕组一端同铁芯一起接地。

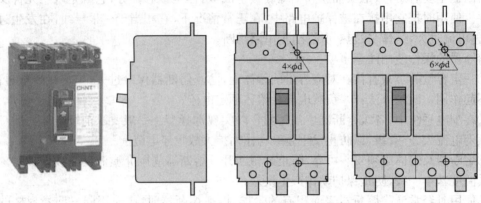

图 2-22　DZ20 系列塑料外壳式断路器

（7）电压表

电压表是用来测量电路中电压高低的一种仪表通常用符号 V 表示。它的特点就是其内电阻大。在配电系统中常以电压互感器配合使用，用以测量和监视电网电压的变化情况。

（8）电压互感器

电压互感器是一种特殊的变压器，它把高电压变换成低电压，使电压测定、继电保护等二次回路与高压电路隔开，它是专供测量和继电保护用的变压器。

2.3.5　低压电器的操作

（1）操作人员经考试合格取得操作证，方准进行操作。操作者应熟悉本机的性能、结构等，并要遵守安全和交接班制度。

（2）低压配电装置包括低压开关柜、低压配电柜、低压电容器柜、动力配电箱、照明配电箱等。

（3）使用前要严格执行部令要求，做好全部准备工作，并穿戴好绝缘用品和绝缘工具。

（4）操作时要坚持一人操作、一人监护制度，要认真执行工作票作业票的工作程序要求。

（5）设备投入运行时，要密切注意仪表显示，并按规定时间抄表。要定期进行巡视、检查有关瓷瓶、套管、汽油设备油面、母线及各种电气接头是否过热。

（6）悬挂必要的标志牌。

从安全方面考虑，安装、使用和维护低压电器应注意以下事项。

（1）投入使用前，应将断路器各部分上的粉尘擦拭干净，并将各紧固螺丝拧紧。

（2）对出厂前调整好的整定值、间距和调节螺丝等不得任意变动和改动。带有双金属片式脱扣器的断路器，如果工作环境温度高于整定值温度，一般宜降容使用，必要时应校验、重新调整后再使用。

（3）电器应装在无强烈震动的地点，距地面应有适当高度。

（4）应垂直安装，倾斜度一般不应超过 5°；对于油浸电器，绝对不许绝缘油溢出；电器的固定应使用螺栓，不得焊接固定。

（5）安装新电器之前，应清除电器各接触面上的保护油层，以防接触不良。

（6）凡是金属外壳，都应采取防止间接触电的接地或接零保护措施；电器的裸露部分应有防护罩，以防止直接触电。

（7）电器的防护应与安装地点的环境条件相适应。在有爆炸、火灾危险的场所及有大量粉尘或潮湿的地点，都应安装具有相应防护措施的电器。

（8）带有双金属片式脱扣器的断路器，如果因过负荷而分断，需冷却复位后才能再脱扣。

（9）定期清扫、定期加油及定期检查动作情况。

（10）维护时应注意电器的触头是否接触良好、紧密，各相触头是否动作一致，灭弧装置是否保持完整和清洁。

（11）检修后要在不带电的情况下合、分闸数次检验动作确实可靠后再投入运行。

（12）保持触头表面清洁，当触头磨损达到其厚度的 1/3 时，应予以更换。

（13）在分断短路电流后或长期使用后，应扫除灭弧室的烟尘和金属颗粒，以保证该室具有良好的绝缘性能。

2.3.6　低压开关柜

低压开关柜的组成如图 2-23 所示。

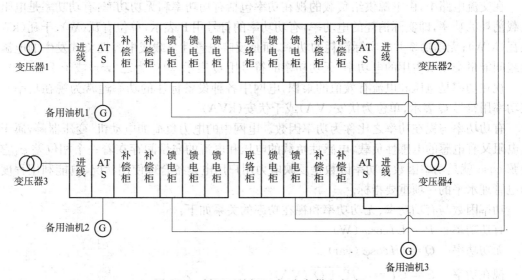

图 2-23　低压开关柜组成（主备供电方式）

低压开关柜运行一般要求如下。

1. 机械闭锁、电气闭锁应动作准确、可靠。

2. 二次回路辅助开关动作准确，接触可靠。

3. 装有电器的可开启门，以裸铜软线与接地的金属构架可靠地连接。

4. 成套柜有供检修的接地装置。

5. 低压开关柜统一编定编号，并标明负荷名称及容量，同时应与低压系统操作模拟图版上的编号对应一致。

6. 低压开关柜上的仪表及信号指示灯、报警装置完好齐全、指示正确。

7. 开关的操作手柄、按钮、锁键等操作部件所标志的"合""分""运行""停止"等字样应与设备的实际运行状态相对应。

8. 装有低压电源自投装置的开关柜，定期做投切试验，检验其动作的可靠性。两个电源的联络装置处，应有明显的标志。当连锁条件不同时具备的时候，不能投切。

9. 低压开关柜与自备发电设备的连锁装置动作可靠。严禁自备发电设备与电力网私自并联运行。

10. 低压开关柜前后左右操作维护通道上铺设绝缘垫，同时严禁在通道上堆放其他物品。

11. 低压开关柜前后的照明装置且齐备完好，事故照明投用正常。

12. 低压开关柜设置与实际相符的操作模拟图板和系统接线图。其低压电器的备品、备件应齐全完好，并分类存放于取用方便的地方。同时应具备和携带式检测仪表。

2.4 功率因数补偿

2.4.1 功率因数的概念

在交流电路中，由电源供给负载的视在功率包括有功功率和无功功率：有功功率是电阻性负载消耗的功率，即实际消耗的电功率，有功功率的符号用 P 表示，单位有瓦(W)、千瓦(kW)、兆瓦(MW)；无功功率并非实际消耗的功率，而是反映电感性负载或电容性负载发生的电源与负载间能量交换所占用的电功率，无功功率的符号用 Q 表示，单位为乏(var)或千乏(kvar)。

视在功率是电压和电流有效值的乘积，电网中各种设备标注的功率通常为视在功率。视在功率用符号 Q 表示，单位为伏安(VA)或千伏安(kVA)。

有功功率与视在功率之比称为功率因数。电网中的电力负荷如电动机、变压器等，属于既有电阻又有电感的电感性负载，电感性负载的电压和电流的向量间存在着一个相位差 φ，它的余弦 $\cos\varphi$ 就是功率因数。功率因数是反映电力用户用电设备合理使用状况、电能利用程度和用电管理水平的一项重要指标。

功率因数与有功功率、无功功率和视在功率的关系如下：

有功功率　　$P = UI\cos\varphi$ (W)

无功功率　　$Q = UI\cos\varphi$ (var)

视在功率　　$S = UI = \sqrt{P^2 + Q^2}$ (VA)

其中，U、I 分别为电压有效值和电流有效值。当供电回路中既有电感性负载又有电容性负载时，总的无功功率为

$$Q = Q_L - Q_C$$

式中，Q_L 为电感性无功功率，Q_C 为电容性无功功率。

在线性电路中，电压与电流均为正弦波，只存在电压与电流的相位差，所以功率因数是电流与电压相位差的余弦，即

$$\lambda = \frac{P}{S} = \frac{UI\cos\varphi}{UI} = \cos\varphi$$

无功功率如果过大，将导致功率因数过低，对供电、用电产生一定的不良影响，主要表现在：降低输、变电设备的供电能力，使供电设备容量得不到充分发挥；造成线路电压损失增大和电能损耗的增加。因此，不论是从节约电能，提高供电质量，还是从提高供电设备的供电能力出发，都必须采取措施改善功率因数。

2.4.2 功率因数补偿

对交流供电系统中的无功功率,我们所采取的补偿方式目前是在低压进行集中补偿或分散补偿。补偿达到的功率因数(cosφ)指标,最小为 0.9,一些系统甚至达到 0.95 或更高。

为更好抑制谐波的放大,避免 5 次以上谐波(250 Hz)造成的谐振,应采用调谐电抗电容器组(串联于电容器端的电抗器),要求 X_L(感抗)$=6\%X_C$(容抗)。

另外,低压补偿需要和油机联动,即只在市电供电时补偿,市电停电后,油机供电时不能进行补偿(油机功率因数要求 0.8,如果补偿指 0.9 或更高的情况,油机运行时有可能造成飞车等现象而导致油机停机)。在线性电路中,提高功率因数的方法有两种:一种是改善自然功率因数,另一种是安装人工补偿装置。

2.5 常用高低压测量仪表

2.5.1 交直流钳形表

下面以 RMS2009 型数字式交直流钳形表为例,介绍其功能和使用方法。如图 2-24 所示是该钳形表的面板图。

图 2-24 交直流钳形表面板图

①电流钳。测量电流时需要将电流钳卡接在被测的导线或铜排上。

②显示屏(表头)。

③功能挡位转盘。用于选择不同的测量功能和挡位,其中一端标示 AC/Ω,用于测量交流电流、交流电压和电阻;另一端标示 DC,用于测量直流电流和直流电压。

④电源开关及挡位量程指示。OFF 挡表示关闭仪表。

⑤DC A/O ADJ:校零旋钮。用于测量直流电流时的调零。

⑥VOLT：电压测量输入插口。测量电压时用于接插红表笔。

⑦COM：公共输入插口。测量交流电压、直流电压和电阻时用于接插黑表笔。

⑧OHMS：电阻测量输入口。测量电阻时用于接插红表笔。

⑨OUTPUT：测量信号输出口。

⑩HOLD：保持键。该键具有锁定功能，在测试空间小不便观察的场合，测量后将该按钮按下，使仪表从被测电路上断开后测试数据能够保存在屏幕上。

测量电流是交直流钳形表的主要功能。下面以直流电流的测量为例说明钳形表的使用。

(1)调节钳形表的功能转盘，使其 DC 端对准 DC2000 A/AC2000 A 的量程位置。

(2)使 HOLD 键处在弹起(非锁定)状态。

(3)测量前使钳口闭合，调节调零旋钮(DC A/0 ADJ)使屏幕显示为 0.00 A。

(4)测量时，按压手柄，使钳口张开，将钳形表卡接在被测导线上，要求被测导线中的电流方向与钳口中所标箭头方向一致，尽量使导线处于电流钳的中间位置，从屏幕上可以直接读出被测电流的大小。

(5)若所测位置无法观察到屏幕显示值，按下 HOLD 键使测量数值保持在屏幕上，取下钳形表再读出测量数值。结束后松开 HOLD 键。

(6)如果读出的电流值在下一挡量程之内，则调整功能转盘对准 DC200 A/AC200 A 的量程位置，重新调零后再作测量。

(7)测量完毕，将功能转盘指向 OFF 挡，关闭钳形表电源。

测量交流电流时，除了钳形表不需要调零，功能转盘需用(AC/Ω)端指向相应的量程外，其余的操作步骤与直流电流的测量步骤完全相同。

电压、电阻的测量方法和具体操作与万用表相同，在此不再赘述。

使用交直流钳形表测量电流时应注意以下事项。

- 为减小测量误差，应将被测导线置于钳口的中央。
- 钳口闭合要紧密。
- 测量电流时，选取电流表量程应从大到小换挡。
- 避免大量程测量小电流；当测量电流远小于最小量程时，可将被测导线在铁芯上绕几匝，再将读得的电流数除以匝数，即得实际的电流值。
- 钳形电流表一般用于测量配电变压器低压侧或电动机的电流。无特殊附件的钳形表，严禁在高压电路上使用，以免绝缘击穿后造成人身伤害。
- 测量直流电流时，每次换挡测量前需调零一次，测量时被测导线中的电流流向应与钳表口中所标箭头方向一致。
- 长时期不使用时应将仪表电池取出。电池电量不足时需及时更换，以免影响测量准确度。
- 避免在高温、潮湿以及含盐、酸成分高的地方存放和使用。

2.5.2　兆欧表

兆欧表又称摇表，表面上标有符号"MΩ"(兆欧)，是测量高电阻的仪表。一般用来测量电机、电缆、变压器和其他电气设备的绝缘电阻。设备投入运行前，绝缘电阻应该符合要求。如果绝缘电阻降低(往往由于受潮、发热、受污、机械损伤等因素所致)，不仅会造成较大的电能损耗，严重时还会造成设备损伤或人身伤亡事故。

常用的兆欧表由 ZC-7、ZC-11、ZC-25 等型号。兆欧标的额定电压有 250 V、500 V、1 000 V、2 500 V 等几种;测量范围由 50 MΩ、1 000 MΩ、2 000 MΩ 等几种。

1. 兆欧表的构造和工作原理

兆欧表主要由作为电源的手摇发电机(或其他直流电源)和作为测量机构的磁电式流比计(双动线圈流比计)组成。测量时,实际上是给被测物加上直流电压,测量其通过的泄漏电流,在表的盘面上读到的是经过换算的绝缘电阻值。

兆欧表的测量原理如图 2-25 所示。在接入被测电阻 R_x 后,构成了两条相互并联的支路,当摇动手摇发电机时,两个支路分别通过电流 I_1 和 I_2。可以看出

$$\frac{I_1}{I_2} = \frac{(R_2 + r_2)}{(R_1 + r_1 + R_x)} = f_4(R_x)$$

考虑到两电流之比与偏转角满足的函数关系,不难得出

$$\alpha = f(R_x)$$

可见,指针的偏转角 α 仅仅是被测绝缘电阻 R_x 的函数,而与电源电压没有直接关系。

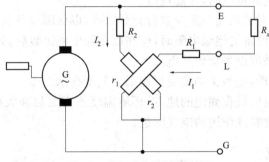

图 2-25　兆欧表的测量原理

2. 怎样正确使用兆欧表

在兆欧表上有 3 个接线端钮,分别标为接地 E 、电路 L 和屏蔽 G。一般测量仅用 E、L 两端,E 通常接地或接设备外壳,L 接被测线路和电机、电器的导线或电机绕组。测量电缆芯线对外皮的绝缘电阻时,为消除芯线绝缘层表面漏电引起的误差,还应在绝缘层上包以锡箔,并使之与 G 端连接,如图 2-26 所示。这样就使得流经绝缘表面的电流不再经过流比计的测量线圈,而是直接流经 G 端构成回路,所以,测得的绝缘电阻只是电缆绝缘的体积电阻。

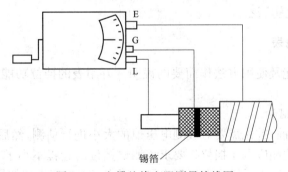

锡箔

图 2-26　电缆绝缘电阻测量接线图

3. 兆欧表测量绝缘电阻注意事项

(1)测量前应正确选用表计的规范,使表计的额定电压与被测电气设备的额定电压相适应,额定电压 500 V 及以下的电气设备一般选用 500～1 000 V 的兆欧表,500 V 以上的电气设备选用 2 500 V 兆欧表,高压设备选用 2 500～5 000 V 兆欧表。

(2)使用兆欧表时,首先鉴别兆欧表的好坏,在未接被试品时,先驱动兆欧表,其指针可以上升到"∞"处,然后再将两个接线端钮短路,慢慢摇动兆欧表,指针应指到"0"处,符合上述情况说明兆欧表是好的,否则不能使用。

(3)使用时必须水平放置,且远离外磁场。

(4)接线柱与被试品之间的两根导线不能绞线,应分开单独连接,以防止绞线绝缘不良而影响读数。

(5)测量时转动手柄应由慢渐快并保持 150 r/min 转速,待调速器发生滑动后,即为稳定的读数,一般应取 1 min 后的稳定值,如发现指针指零时不允许连续摇动,以防线圈损坏。

(6)在雷电和邻近有带高压导体的设备时,禁止使用仪表进行测量,只有在设备不带电,而又不可能受到其他感应电而带电时,才能进行。

(7)在进行测量前后对被试品一定要进行充分放电,以保障设备及人身安全。

(8)测量电容性电气设备的绝缘电阻时,应在取得稳定值读数后,先取下测量线,再停止转动手柄。测完后立即对被测设备接地放电。

(9)避免剧烈长期震动,使表头轴尖受损而影响刻度指示。

(10)仪表在不使用时应放在固定的地方,环境温度不宜太热和太冷,切勿放在潮湿、污秽的地面上。并避免置于含腐蚀作用的空气附近。

2.5.3　红外测温仪

红外测温仪的工作原理如下:一切温度高于绝对零度的物体都在不停地向周围空间发出红外辐射能量,物体的红外辐射能量的大小及其按波长的分布与它的表面温度有着十分密切的关系,因此,通过对物体自身辐射的红外能量的测量,便能准确地测定它的表面温度。

手持式红外测温仪又名便携式红外测温仪,是一种小巧、便于携带的红外测温仪。手持式红外测温仪是将物体发射的红外线具有的辐射能转变成电信号,红外线辐射能的大小与物体本身的温度相对应,根据转变成电信号大小,可以确定物体(如钢水)的温度。手持红外测温仪由光学系统、光电探测器、信号放大器及信号处理、显示输出等部分组成。手持红外测温仪便捷、精确、安全,应用较为广泛。

2.5.4　数字万用表

下面对万用表功能及使用方法作简要的说明。万用表的挡位功能如图 2-27 所示。万用表的测量操作如下。

1. 交直流电压的测量

(1)测量交流电压前,首先需要对被测电压值的大小进行估测,然后将万用表的功能挡调整到交流电压测试区的相应电压挡位。要求该测试挡位的量程不小于被测交流电压值,否则万用表的表头将显示"1",表示输入电压超出了万用表当前选用挡位的量程范围。出现这种情况时应将万用表的电压挡位调高一挡再作测量。

在日常电源维护中,常见的电压值为相电压 220 V 或线电压 380 V,由于万用表的交流

200 V 挡小于该电压值,因此应选用更大的量程挡(700 V～)。

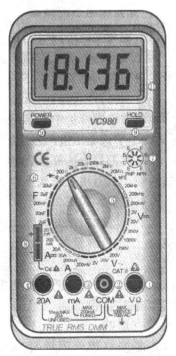

图 2-27　数字万用表面板图

　　(2)将万用表的红黑表笔分别搭接在被测线路的两端,从万用表表头上读出的电压值即为被测电压有效值,如图 2-28 所示。这种测量接线法实际上是将万用表并联在电路上进行测量的,故称为并接法。由于万用表的输入阻抗很大,一般可达 10 MΩ,因此并联后对电路的工作几乎没有影响。在测量交流线电压时交换红黑表笔的搭接位置,对测量结果没有影响;但在测量交流相电压时,规范的操作是先将黑表笔搭接在零线上,后将红表笔搭接在相线上。

　　直流电压的测量与交流电压的测量方法大体相同,只是万用表的功能挡应选择直流电压测量功能挡(V=),挡位量程的选择应该大于并且是最接近于被测直流电压值。测量时规范的操作是先将黑表笔搭接在直流电压负极端,然后将红表笔搭接在正极端。

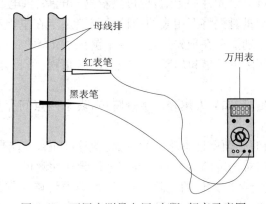

图 2-28　万用表测量电压、电阻、频率示意图

交互表笔的搭接位置,万用表上将显示负电压。

2. 交直流电流的测量

由于普通万用表的最大电流测量值一般小于 20 A,因此,万用表的电流测量挡通常只用于电子电路中小电流的测量,而不能用于交流供电网络中负载电流的测量。测量电流时必须通过万用表的红黑表笔将万用表串联在电路中,这种测试方法称之为串接法。具体测试步骤如下。

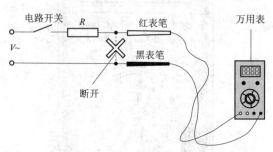

图 2-29　万用表测量电流示意图

(1)以交流电流的测量为例,测量电流前,仔细估测被测电流值的大小,根据估测值,将万用表的红表笔插入电流输入插孔①,调整万用表的功能挡位调节转盘,使之指向交流电流测试挡(A ～)的相应量程。

注意:测量时必须保证被测的交流电流值小于万用表的量程,如果超出了量程范围,则可能损坏万用表。如果无法估量该交流电流值的大小,则可以先用交流钳形表测量该电流值的大小,然后判断该电流值是否可以用万用表进行测量。

(2)断开电路电源,将万用表串接在被测电路中,然后接通负载电源便可以从万用表上读出该电流值的大小,如图 2-29 所示。

(3)测试完毕,断开被测电路电源,将万用表从电路中拆除。将红表笔插回插孔,功能挡位调整到交流电压的最大测试挡,以免因万用表处于电流测试状态时去测量电压而造成损坏。最后关闭万用表电源开关。直流的测量与交流电流的测量基本相同,唯一的区别是万用表的测量功能挡应该选择在直流电流挡(A＝)。

3. 电阻的测量

万用表可以用于测量电阻元件的阻值,也可测量电子电路、供电回路或用电设备输入输出端某两点间的电阻值。测量时先将万用表的测试功能挡选定在电阻测量挡的相应量程上,然后将万用表的红黑表笔分别搭接在预先选定的两个测试点上,最后从表头上读出电阻值。如果表头显示"1",则表示实际电阻值超出了万用表的测试量程,可将万用表的测试量程调大一挡再作测量。

选定通断挡进行测量时,如果万用表产生蜂鸣声,表示两点间存在通路,否则万用表显示"1",表示两点间开路。

(1)进行电阻值测量时必须保证电路中的电源已经被切断,不能带电进行测量。不能确定时应先用万用表的电压挡对选定的两个测试点间进行验证性测量。

(2)在电子电路中进行某一元件的电阻值测量时,必须将该元件从电路中脱离,至少应该将一个管脚从电路中脱离,然后再进行测量。否则,由于电路中其他电子元件的存在,可能与被测元件形成并联回路,从而造成实际的测量值是多个元件并联的电阻值,而不是被测元件的真实电阻值。

4. 频率的测量

测量电路中两点间电源的频率时,将万用表的功能转盘调整到频率测量功能挡(Hz),然后将万用表的红黑表笔分别搭接在选定的两个测试点上,最后从表头上读出测量值。

复习思考题

1. 简述交流供电系统的组成。
2. 简述高压开关柜的组成和作用。
3. 简述高压电器分类和作用。
4. 通信系统低压交流供电原则是什么?
5. 低压电器操作有哪些注意事项?
6. 低压开关柜运行一般要求有哪些?

第3章 交流配电

3.1 交流配电的作用

低压交流配电的作用是：集中有效的控制和监视低压交流电源对用电设备的供电。

对应小容量的供电系统，比如分散供电系统，通常交流配电、直流配电和整流、监控等组成一个完整、独立的供电系统，集成安装在一个机柜内。

相对大容量的供电系统，一般单独设置交流配电屏，以满足各种负载供电的需要。

3.2 交流配电的性能

交流配电屏（模块）的主要性能通常有以下几项。

1. 要求输入两路交流电源，并可进行人工或自动倒换。如果能够实现自动倒换，必须有可靠的电气或机械连锁。

2. 具有监测交流输出电压和电流的仪表并能通过仪表、转换开关测量出各相相电压、线电压以及相电流和频率。

3. 具有欠压、缺相、过压告警功能。为便于集中监控，同时提供遥信、遥测等接口。

4. 提供各种容量的负载分路，各负荷分路主熔断器熔断或负荷开关保护后，能发出声光告警信号。

5. 当交流电源停电后，能提供直流电源作为事故照明。

6. 交流配电屏的输入端应提供可靠的雷击、浪涌保护装置。

3.3 典型交流配电屏原理

DPJ19 系列交流配电屏有 380V/400A 和 380V/630A 两种规格，可接入两路市电（或一路市电、一路油机电）自动切换，也有人工切换功能，可从配电屏机架的上或下进线。其技术性能分别如下。

输入：两路交流市电，三相五线制（三相＋零线＋地线），50 Hz，容量分别为 380V/400A 和

380V/630A。

输出(400A)：　　三相 160A　　三路
　　　　　　　　三相 63A　　　三路
　　　　　　　　三相 32A　　　三路
　　　　　　　　单相 32A　　　三路

输出(630A)：　　三相 160A　　五路
　　　　　　　　三相 63A　　　三路
　　　　　　　　三相 32A　　　一路
　　　　　　　　单相 32A　　　二路

两路市电输入端接有压敏电阻避雷器。

- 两路市电输入(或一路市电、一路油机)，Ⅰ路市电为主用(优先)，Ⅱ路市电为备用。当Ⅰ路市电停电时，自动倒换到Ⅱ路市电(或油机)；当Ⅰ路市电来电时，自动由Ⅱ路市电(或油机)倒换到Ⅰ路市电。
- 十二个分路输出，由断路器 QF1(1)、QF2(2)输出。两路市电倒换均有可靠的电气与机械连锁。
- 当两路交流电停电时，有直流事故照明输出：容量为 48 V/60 A。
- 有电压表和电流表分别对三相电压及 W 相电流进行测量。

市电Ⅰ、市电Ⅱ分别经空气断路器 $QF_1(1)$、$QF_2(2)$输入，当市电Ⅰ有电时，继电器 K_1(17)吸合而切断接触器 KM_2(16)的线圈回路，同时接通接触器 KM_1(15)的线圈回路，使 KM_1(15)吸合，市电Ⅰ经接触器 KM_1(15)至负载分路断路器 QF_3(3)—QF_{14}(14)输出。同理，当市电Ⅰ停电时，继电器 K_1(17)失电释放，接通接触器 KM_2(16)的线圈回路。当市中Ⅱ有电时，接触器 KM_2(16)吸合，由市电Ⅱ供电。

负载端 W 相装有电流互感器，用于测量 W 相总电流，电流信号送至印制板 AP(25)；经其变换后，送至电流表 PA(31)显示，同时由接线端子 XT_1(18)的 18—2 输出至电源系统的用户接口板端子 X_{52}—2。

另在负载端装有测量三相线电压的转换开关，转换后的电压信号送至印制板 AP(25)，经变换后送至电压表 PV(30)显示。

印制板 AP(25)为测量交流电压和电流的传感器板 AP671，在 AP671 上装有电流传感器 U_1、电压传感器 U_2 及其辅助电源。交流电压传感器的变比为 500VAC/5VDC，用户可用外接仪表进行校对。交流配电屏采用的交流电流互感器的变比因按交流屏的型号而异：DPJl9-380/400 为 400AAC/5VDC；DPJ19-380/630 为 630AAC/5VDC；当接入负载后，可用外接仪表进行校对。

交流电压经三根线电压转换开关 SA_1(27)取样输入，交流电流经互感器 TA(26)取样输入，印制板 AP671、电压表 PV(30)和电流表 PA(31)的辅助电源由变压器 TC(24)的四组次级电压输入。

- AP(25)的端子 4、16 输出的是经交流电流传感器隔离变换为 0~5 V 的直流信号，端子 18 为信号公共端。端子 16、4、18 分别与端子 XT_1(18)的 2、4、1 端相连，作为信号输出端。监控模块用户接口板端子 X_{52}接收上述信号后，将在显示屏上显示交流电压、电流值。

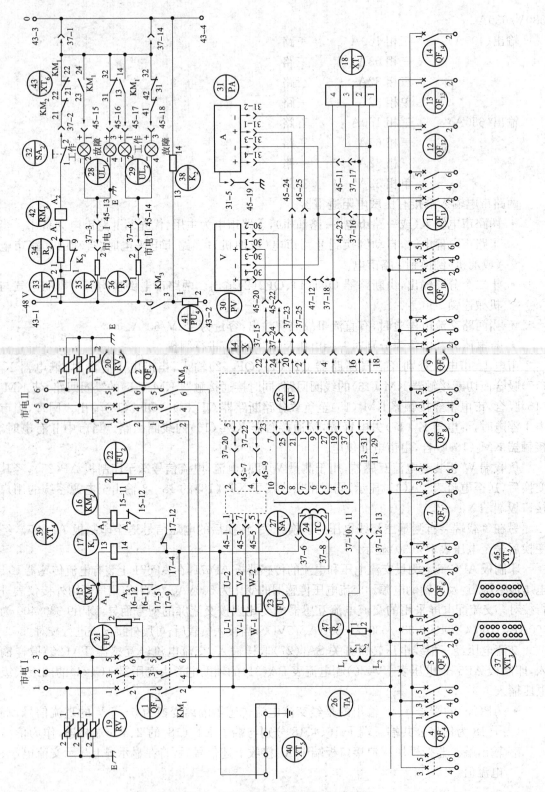

图 3-1 DPJ19 系列交流配电屏电路图

- AP(25)的端子 22、24 输出数字电压表的＋5 V 工作电源,端子 20、2 输出数字电流表的＋5 V 工作电源。
- DPJ19 系列交流配电屏装有事故照明装置。XT_6(43)是直流事故照明接线端子,43—3 接 48 V 的正极,43—1 接 48 V 的负极。当两路市电都停电时,KM_3(42)直流接触器线圈接通,其接点 1、3 闭合;当市电来电时,KM_3(42)释放,自动切断事故照明电源。电阻 R_1(33)、R_2(34)、R_3(35)和 R_4(36)分别是直流接触器 KM_3(42)和信号灯 HL_1(28)、HL_2(29)的降压电阻。

维护与检修:主电路及空气开关电接触处经常保持清洁,以保证良好电接触。交流接触器运行时应低噪声和线圈低温升,当出现不正常噪声、线圈温度升高时应及时检修。

3.4　交流配电箱

对市电或备用发电机组提供的低压交流电进行安全可靠再分配。如图 3-2 所示是交流配电箱外观与内部结构图。

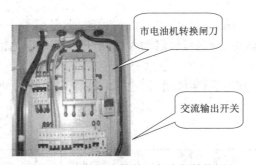

图 3-2　交流配电箱外观与内部结构图

1. 刀闸开关:一路市电、一路油机电进行倒换;闸刀放在中间位置,此交流配电箱以及所带的各种设备负载将断电(部分设备采用互锁空气开关进行转换)。

2. 交流输出开关:主要满足开关电源、机房空调、照明等交流负载的供电需求。

复习思考题

1. 简述低压交流配电系统的作用。
2. 简述低压交流配电原理。

第4章 油机发电机组

在通信系统中,交换机及其他直流负载、交流负载是靠市电供给电源的(直流负载依靠市电整流后提供)。一旦市电发生中断,交流负载同步断电,立即停止工作;蓄电池组提供直流负载工作的时间是有限的,随着蓄电池容量的逐渐下降,直流负载停止工作的情况也很快就会出现。所以,在市电停电时,发电和及时开启供电是非常重要的。

4.1 柴油发电机概述

柴油发电机组属自备电站交流供电设备的一种类型,是一种中小型独立的发电设备。由于它具有机动灵活、投资较少、随时可以启动等特点,广泛应用于通信等各部门。

1. 柴油发电机组的组成

柴油发电机组由两部分组成:柴油机、发电机。用柴油机作为动力,驱动三相交流发电机提供电能,如图4-1所示。

图4-1 柴油发电机组供电方框图

柴油机与发电机通过连接器牢固在连接在一起,这样,柴油机以1 500 r/min(发电机为两对磁极时)拖动发电机同步运转,发电机发出 330 V/220 V、50 Hz 的交流电,通过电力电缆,送至发电机配电屏,通过电力电缆送到市电、油机转换屏,由此屏送到交流配电屏,分配到各负载。

2. 机组的结构简介

现代柴油发电机组由柴油机、三相交流无刷同步发电机、控制箱(屏)、散热水箱、联轴器、燃油箱、消声器及公共底座等组件组成刚性整体。除功率较大的机组的控制屏、燃油箱单独装设计,其他的主要部件均装置在型钢焊接而成的公共底座上,便于移动和安装。

柴油机的飞轮壳与发电机前端盖的轴向采用凸肩定位直接连接构成一体,并采用圆柱形的弹性联轴器由飞轮直接驱动发电机旋转。这种连接方式由螺钉固定在一起,使两者连接成一刚体,保证了柴油机的曲轴与发电机转子的同心度在规定允许范围内。

为了减小机组的振动,在柴油机、发电机、水箱和电气控制箱等主要组件与公共底架的连

图 4-2　柴油发电机组图

接处,通常均装有减振器或橡皮减振垫。

3. 机组的类型和功能

油机发电机组类型很多,按其结构形式,控制方式和保护功能等不同,可分为下述几种类型。

(1)基本型机组

这类机组最为常见,由柴油机、封闭式水箱、油箱、消声器、同步交流发电机、励磁电压调节装置、控制箱(屏)、联轴器和底盘等组成。机组具有电压和转速自动调节功能。通常能作为主电源或备用电源。

(2)自启动机组

该机组是在基本型机组基础上增加自动控制系统。它具有自动化的功能。当市电突然停电时,机组能自动启动、自动切换开关、自动运行、自动送电和自动停机等功能;当机油压力过低、机油温度或冷却水温过高时,能自动发出声光告警信号;当机组超速时,能自动紧急停机进行保护。

(3)微机控制自动化机组

该机组由性能完善的柴油机、三相无刷同步发电机、燃油自动补给装置、机油自动补给装置、冷却水自动补给装置及自动控制屏组成。自动控制屏采用可编程自动控制器 PLC 控制。它除了具有自启动、自切换、自运行、自投入和自停机等功能外,并配有各种故障报警和自动保护装置,此外,它通过 RS232 通信接口,与主计算机连接,进行集中监控,实现遥控、遥信和遥测,做到无人值守。

4.2　柴油发动机

将一种能量转变为机械能的机器,叫作发动机。把燃料燃烧所产生的热能转化为机械能的发动机统称作热机,如蒸汽机、柴油机等。根据燃料进行燃烧过程所处的地点不同,热机可分为外燃机和内燃机两大类。

燃料在发动机外部进行燃烧的热机,叫作外燃机。如蒸汽机(往复式)、汽轮机(回转式)等。

燃料直接在发动机内部进行燃烧的热机叫作内燃机。如柴油机、汽油机、天然气机等。

内燃机就是利用燃料燃烧后产生的热能来做功的。柴油发动机是一种内燃机,它是柴油在发动机汽缸内燃烧,产生高温高压气体,经过活塞连杆和曲轴机构转化为机械动力。

4.2.1 活塞式内燃机工作原理

把柱塞装在一个一端封闭的圆筒内,柱塞顶面与圆筒内壁构成一个封闭空间,如果用一个推杆将柱塞和一个轮子连接起来,则柱塞移动时,便通过推杆推动轮子旋转,从而把空气所得到的热能转化为推动轮子旋转的机械能。

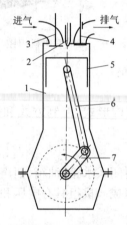

1—气缸体;2—喷油器;3—进气门;4—排气门;5—活塞;6—连杆;7—曲轴

图 4-3　柴油机装置示意图

内燃机的工作过程,就是按照一定的规律,不断地将燃料和空气送入气缸,并在气缸内着火燃烧,放出热能。燃气在吸收热能后产生高温高压,推动着活塞做功,将热能转化为机械能。

图 4-3 为活塞式内燃机(柴油机)装置的示意图。它是由一个独立的发动机所构成。工作时燃料和空气直接送到发动机的气缸内部进行燃烧,放出热能,形成高温、高压的燃气,推动活塞移动。然后通过曲柄连杆机构对外输出机械能。

4.2.2 内燃机的机械传动机构

在往复式内燃机中,曲柄连杆机构的作用是将活塞的往复直线运动变成曲轴的旋转运动,以实现热能和机械能的相互转变。

内燃机曲柄连杆机构与工作原理如图 4-4 所示。它是由活塞 1、连杆 3 和曲轴 4 等构成。

活塞只能沿气缸直线往复运动。曲轴是由两个中心线在一直线上的轴所构成。其中一个轴安置在机体中心孔内,称作主轴。主轴只能在机体座孔内绕本身中心线转动。另一轴通过曲柄与主轴连接在一起,称作连杆轴。它绕着主轴进行旋转。连杆为两端带有孔的一直杆,一端与活塞相连;另一端与连杆轴相连,它随着活塞移动和曲轴旋转而进行摆动。

当活塞往复运动时,通过连杆推动曲轴绕主轴中心产生旋转运动。活塞移动与曲轴转动

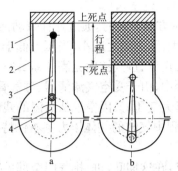

1—活塞；2—气缸体；3—连杆；4—曲轴

图 4-4　曲柄连杆机构原理图

是相互牵连在一起的。因此，活塞移动位置与曲轴转动位置是相对应的。

为便于叙述，下面介绍几个专业名词。

1. 上死点。活塞能达到的最上端位置，叫作上死点。

2. 下死点。活塞能达到的最下端位置，叫作下死点，此时活塞与曲轴主轴中心距离最近。

3. 冲程。活塞从上死点移动到下死点，或从下死点移动到上死点时，所走过的距离叫作活塞行程（又称作冲程）。

4.2.3　单缸四冲程柴油机工作原理

活塞连续运行四个冲程（即曲轴旋转两周）的过程中，完成一个工作循环（进气—压缩—燃烧膨胀—排气）的柴油机，叫作四冲程柴油机。

图 4-5 为单缸四冲程柴油机工作过程示意图，图中 4 个图形分别表示 4 个冲程在开始与终了时的活塞位置。

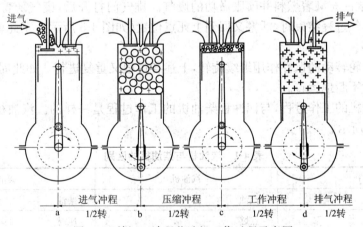

图 4-5　单缸四冲程柴油机工作过程示意图

下面对照单缸四冲程柴油机工作过程示意图，来说明它的工作过程。

1. **第一冲程——进气过程**

活塞从上死点移动到下死点。这时进气门打开，排气门关闭。进气过程开始时，活塞位于死点位置（如图 4-5a 所示）。气缸内（燃烧室）残留着上次循环未排净的残余废气（图中以小十字符号表示）。

当曲轴沿图 4-5a 中箭头所示方向旋转时,通过连杆带动活塞向下移动,同时进气门打开。随着活塞下移,气缸内部容积增大,压力随之减小,当压力低于大气压力时,外部新鲜空气开始被吸入气缸。直到活塞移动到死点位置,气缸内充满了新鲜空气（如图 4-5b 中圆圈所示）。

在新鲜空气进入气缸的过程中,由于受空气滤清器、进气管、进气门等阻力的影响,使进气终了时气缸内的气体压力略低于大气压,又因空气从高温的残余废气和燃烧室壁吸收热量,故温度可达 35～50 ℃。在进气过程中气缸的气体压力基本保持不变。

2. 第二冲程——压缩过程

活塞由下死点移动到上死点,在这期间,进、排气门全部关闭。

压缩过程开始时,活塞位于下死点（如图 4-5b 所示）。曲轴在飞轮惯性作用下带动旋转,通过连杆推动活塞向上移动。气缸内容积逐渐减小,新鲜空气被压缩,压力和温度随着升高。

为了实现高温气体引燃柴油的目的,柴油机都具有较大的压缩比,使压缩终了时,气缸内气体温度比柴油的自燃温度高出 200～300 ℃,即 500～750 ℃（柴油的自燃温度约为 200～300 ℃）。

3. 第三冲程——燃烧膨胀过程

活塞又从上死点移动到下死点。此时,进、排气门仍然都关闭着。喷入气缸内的燃料在高温空气中着火燃烧,产生大量热能,使气缸内的温度、压力急剧升高。高温、高压气体推动活塞向下移动,通过连杆,带动曲轴转动。因为只有这一行程才实现热能转化为机械能,因此,通常把该行程叫作工作行程。

在燃烧与膨胀过程中,气缸内气体的最高温度可达 1 700～2 000℃,最高压力为 60～90 kg/cm²。随着活塞被推动着下移,气缸容积逐渐增大,气体随之逐渐减小数点。

4. 第四冲程——排气过程

活塞又从下死点移动到上死点。此时,排气门打开,进气门关闭。排气过程开始时,活塞位于下死点,气缸内充满着燃料并膨胀做功的废气。排气门打开后,废气随着活塞上移,被排出气缸之外。排气过程结束时,活塞又回到上死点位置（如图 4-5 所示）,至此单缸四冲程完成了一个工作循环。

曲轴依靠尽轮转动的惯性作用继续旋转,上述各过程又重复进行。如此周期循环地工作,实现柴油机连续不断地运转。

四冲程汽油机的工作过程,与四冲程柴油机的工作过程是一样的。汽油机与柴油机的主要区别如表 4-1 所示。

表 4-1　汽油机与柴油机的区别

项目	汽油机	柴油机
1. 燃料	汽油	柴油
2. 点火方式	点燃	压燃
3. 压缩比	5～10	15～22
4. 进气门进入	汽油与空气的混合气体	空气
5. 机体结构	①有一套点火系统（含火花塞、分电盘、高压点火线包） ②化油器 ③无	无点火系统 无化油器 喷油器（俗称喷油嘴）

4. 2. 4　柴油机发动机的结构

柴油机由机体、曲轴连杆机构、配气机构、燃油系统、润滑系统、冷却系统、启动系统等组成。

1. 机体组件

包括机体(气缸—曲轴盖)、气缸套、气缸盖和油底壳等(如图 4-6 所示)。这些零件构成了柴油机骨架,所有运动件和辅助系统都支承在它上面。

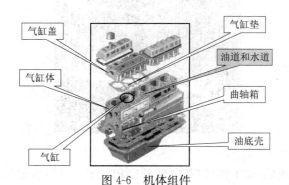

图 4-6　机体组件

(1)水冷发动机的气缸体和上曲轴箱常铸成一体,一般用灰铸铁铸成,气缸体上部的圆柱形空腔称为气缸,下半部为支承曲轴的曲轴箱,其内腔为曲轴运动的空间。在气缸体内部铸有许多加强筋,挺柱腔、冷却水套和润滑油道、水道等。

(2)气缸:燃料在气缸中燃烧时,温度可高达 1 500～2 000℃,因此,油机中必须采用冷却水散热,为此,气缸壁都做成中空的夹层,两层之间的空间称为水套。

(3)油底壳。构造:用薄钢板冲压而成。储油、内部设有稳油挡板,以防止汽车振动时油底壳油面产生较大的波动。最低处有放油塞(磁性),曲轴箱与油底壳之间有密封衬垫。功用:储存和冷却机油并封闭曲轴箱。

2. 曲轴连杆机构

主要部件有:气缸曲轴箱、气缸盖、活塞、连杆、曲轴、飞轮等(如图 4-7 所示)。

图 4-7　曲轴连杆机构

曲柄连杆机构是发动机实现工作循环,完成能量转换的主要运动零件。在作功行程中,活塞承受燃气压力在气缸内做直线运动,通过连杆转换成曲轴的旋转运动,并从曲轴对外输出动力。而在进气、压缩和排气行程中,飞轮释放能量又把曲轴的旋转运动转化成活塞的直线运动。

3. 配气机构

适时向气缸内提供新鲜空气,并适时地排出气缸中燃料燃烧后的废气。它由进气门、排气门、凸轮轴及其传动零件组成(如图 4-8 所示)。

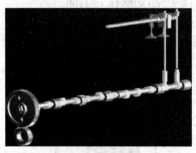

图 4-8 配气机构

根据发动机的工作顺序和工作过程,定时开启和关闭进气门和排气门,使可燃混合气或空气进入气缸,并使废气从气缸内排出,实现换气过程。配气机构大多采用顶置气门式配气机构,一般由气门组、气门传动组和气门驱动组组成。

4. 燃油系统

燃油供给系统(如图 4-9 所示)是按照内燃机工作时所要求的时间,供给气缸适量的燃料。燃油供给装置有:柴油箱、输油泵、柴油滤清器(柴油滤清器有粗细两种,一般粗滤器设在输油泵之前,细滤器设在输油泵之后)、喷油泵、喷油器等。

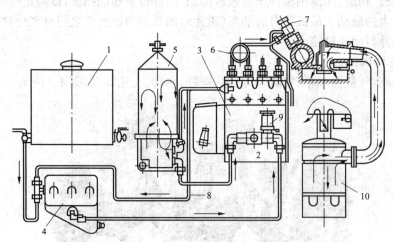

1—油箱;2—低压油泵;2—高压油泵体;4—粗滤器;5—细滤器
6—高压油管;7—喷油嘴;8—回油管;9—手泵把;10—空气滤清器
图 4-9 燃油系统

燃油系统按照柴油机工作过程的需要,将一定数量的柴油在一定的时间内以一定的压力使柴油雾化喷入汽缸,与压缩空气形成均匀的可燃混合气而燃烧。

5. 润滑系统

润滑系统由滑油泵、滑油滤清装置、滑油冷却装置、滑油管路组成。作用：将润滑油供给运动见的摩擦表面以减少摩擦阻力，减轻机件的磨损，并部分地冷却摩擦零件；清洁和冷却摩擦表面；提高活塞环和汽缸壁间的密封性能；对所有运动件起防锈作用。目前的润滑方法是在摩擦表面覆盖一层润滑油，使固体摩擦转变为液体摩擦，以减小摩擦阻力，降低功率损耗，减轻机件磨损，延长柴油机的使用寿命。实现润滑作用的各种零件的组合，称为润滑系统。

润滑系统的作用有以下几个。

（1）润滑

将润滑油不断地供给各零件的摩擦表面，形成润滑油膜，减小零件的摩擦、磨损和功率消耗。

（2）清洁

发动机工作时，不可避免地要产生金属磨屑，空气所带入的尘埃及燃烧所产生的固体杂质等。这些颗粒若进入零件的工作表面，就会形成磨料，大大加剧零件的磨损。而润滑系通过润滑油的流动将这些磨料从零件表面冲洗下来，带回到曲轴箱。在这里，大的颗粒沉到油底壳底部，小的颗粒被机油滤清器滤出，从而起到清洁的作用。

（3）冷却

由于运动零件的摩擦和混合气的燃烧，使某些零件产生较高的温度。而润滑油流经零件表面时可吸收其热量并将部分热量带回到油底壳散入大气中，起到冷却作用。

（4）密封

发动机气缸壁与活塞、活塞环与环槽之间间隙中的油膜，减少了气体的泄漏，保证气缸的应有压力，起到了密封作用。

（5）防蚀

由于润滑油黏附在零件表面上，避免了零件与水、空气、燃气等的直接接触，起到了防止或减轻零件锈蚀和化学腐蚀的作用。发电机轴承就是采用这种方式定期润滑。

（6）减震缓冲作用

在运动零件表面形成油膜，吸收冲击并减小振动，起减震缓冲作用。

6. 冷却系统

由水泵、散热器、水套、节温器、风扇等组成。保持发动机在最适宜的温度范围内工作。发动机工作时，由于燃料的燃烧，气缸内气体温度高达 2 200～2 800 K，大约 1/3 做功转变为机械能，其余大部分随废气排出，其余小部分则被发动机零件吸收，使发动机零部件温度升高，特别是直接与高温气体接触的零件，若不及时冷却，则难以保证发动机正常工作。冷却系统的主要作用是保持发动机在最适宜的温度范围内工作。

柴油机的冷却方式有风冷和水冷两种。

（1）风冷却方式

风冷却方式是以空气作为冷却介质，将柴油机受热零部件的热量传送出去。

（2）水冷却方式

水冷却方式是用水作为冷却介质，将柴油机受热零件的热量传送出去。这种冷却方式的特点是，当气温或工作负载变化时，便于调节冷却强度。

7. 启动系统

以外力转动内燃机曲轴，使内燃机由静止状态转入工作状态的装置。由蓄电池、启动马达等组成。

4.3 发电机工作原理

1. 电磁感应

我们知道,一切物体都是由分子组成,分子由原子组成,原子又由原子核和在它周围旋转的电子组成。原子核带的是正电荷,电子带的是负电荷,互相吸引,并且电荷数量是相等的,故原子对外不呈现电性(这相当于发电机处于静止状态),如图 4-10 所示。

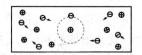

图 4-10 原子结构

取一根直导体,导体在磁场中作"切割"磁感应线的运动时,导体中就会产生感应电动势。这是因为导体在磁场内作"切割"磁感应线运动时,导体的正电荷、自由电子将以同样的速度在磁场内运动,磁场对运动电荷产生作用力,作用力的方向由左手定则判定,因此正电荷由导体 b 端移向 a 端,自由电子由导体的 a 端移向 b 端,如图 4-11(a)所示。结果 b 端聚集了电子而带负电,a 端少了电子而带正电,使导体两端产生一定的电位差,即导体中产生感应电动势(这相当于发电机处于匀速运转状态)。当接通外电路时,电路中便会形成感应电流(这相当于发电机处于运转供电状态),如图 4-11(b)所示。

感应电动势的方向,可由右手定则来决定:即将右手掌放平,大拇指与四指垂直,以掌心迎向磁感应线,大拇指指向导体运动的方向,则四指的方向便是感应电动势的方向,如图 4-12 所示。直导体中感应电动势的大小则与磁感应强度 B、导体运动速度 v 及导体长度 L 成正比,当导体运动的方向与磁场方向平行时,导体中不产生感应电动势。

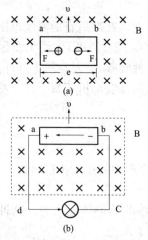

图 4-11 导体切割磁感应线

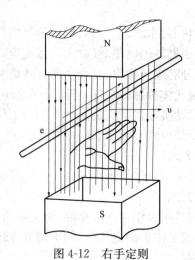

图 4-12 右手定则

2. 正弦交流电动势的产生

图 4-13 就是产生正弦交流电动势的简单发电机示意图。

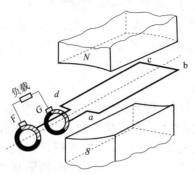

图 4-13　发电机示意图

我们把线圈在各处位置电势的大小变化用图形来表示,就可以画出交流电的波形来。这种按正弦曲线规律变化的电流(或电势)就叫正弦交流电,如图 4-14 所示。

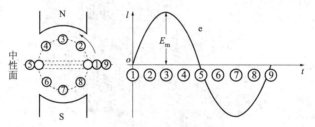

图 4-14　正弦交流电

在发电机转子上放着 3 个完全相同的、彼此相隔 120°的独立绕组 A—X、B—Y、C—Z。当转子在按正弦分布的磁场中以恒定速度旋转时,就可产生 3 个独立的对称三相电势 e_A、E_B、E_C。如图 4-15、图 4-16 所示。

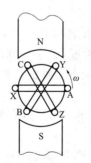

图 4-15　三相交流发电机的工作原理图

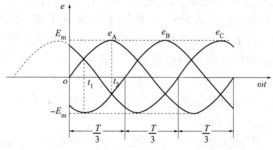

图 4-16　对称三相电动势的波形图

3. 同步电机的基本结构

同步电机与异步电机一样,其结构基本由两部分构成:一是旋转部分为磁极称为转子;二是静止部分为电枢称为定子。发电机的基本结构如图 4-17 所示。

(1)定子

定子称为电枢,所谓电枢,就是电机中产生感应电动势的部分。它主要由定子铁芯、三相定子绕组和机座等组成。定子铁芯由扇形硅钢片叠成，每隔 4～5 cm 留有通风沟，铁芯两端放置压板，然后用双头螺栓从背部夹紧而成为一体，整个铁芯固定在机座内定位筋上，且在机座外壳与铁芯外圆之间留有通风道。在铁芯内圆的槽中安放定子绕组并用槽楔压紧。电枢绕组由绝缘的铜导体绕成，按照电机的不同额定电压，用云母带或棉纱带包扎。槽与绕组之间垫有绝缘。定子端盖上装有电刷架，由石墨制成的电刷装在刷架上的刷握内。电刷与轴上滑环滑动接触，直流电流经过电刷、滑环通入励磁绕组。

（2）转子

转子是由转轴、转子支架、轮环（即磁轭）、磁极和励磁绕组等组成。磁极由厚为 1～5 mm 的钢板冲片叠成，在磁极两个端面上装有磁极压板，用铆钉铆装为一体。励磁绕组套装在磁极上，它多用扁铜线绕成，每匝绕组之间垫有石棉纸板绝缘。绕组经浸胶与热压处理，成为坚固整体。绕组与磁极之间绝缘。各励磁绕组串联后接到滑环上。环与环、环与轴之间，相互绝缘。

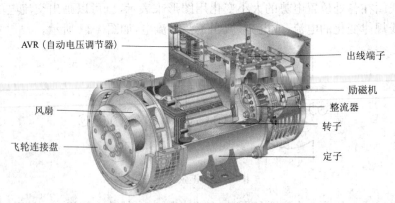

图 4-17　发电机结构图

凸极式同步电机在磁极上还装有阻尼绕组，它同感应电动机的笼型结构相似，整个阻尼绕组由插入磁极阻尼槽中的裸铜条和端面的铜环焊接而成，阻尼绕组可改善同步发电机的运行性能，对同步电动机来说，它主要作启动绕组用。

磁极固定在轮环上，磁极下部做成 T 尾，以便与轮环的 T 尾槽装配。中小型电机也可用螺栓固定。大型电机轮环由厚 2～2.5 mm 的钢板冲成扇形片叠成，中小型电机磁轭常用整块钢板冲片叠成或用铸钢制成。转子由转子支架支撑，转子支架应有足够的强度。

（3）发电机的主要参数

发电机的铭牌上都给出了主要的额定值。为了保证发电机可靠运行，必须严格遵守这些参数。

额定功率 P_N——在额定运行（额定电压、电流、频率和功率因数）条件下，发电机能发出的最大功率。单位为 kW，也有用视在功率表示的，此时以 kVA 为单位。

额定电压 U_N——在额定运行条件下，电机定子三相线电压值，单位为 V 或 kV。

额定电流 I_N——额定运行时，流过定子绕组的线电流，单位为 A 或 kA。在此值运行，线圈的温升不会超过允许范围。

功率因数——额定运行情况下，有功功率和视在功率的比值，即：

$$\cos\Phi = \frac{P_N}{S_N}$$

一般电机的 $\cos\varPhi = 0.8$。

额定频率 f——额定运行情况下输出交流电的频率。我国电网的频率为 50 Hz。

额定转速 n_N——额定运行时转子的转速,单位为 r/min。

相数 m——即发电机的相绕组数。常用的是三相交流同步发电机。

根据上面的定义,对三相交流同步发电机来说,额定电压、额电电流和额定功率之间有下面关系:

$$PN = \sqrt{3}U_N I_N \cos\varPhi_N$$

此外,铭牌上还有其他运行数据,例如额定负载时的温升(T_N)、额定励磁电流(I_{fN})、额定励磁电压(U_{fN})等。

4. 交流同步发电机工作原理

简单的转磁式三相交流同步发电机如图 4-18 所示。直流励磁机供给的直流电流通过电刷和滑环输入励磁绕组(也叫转子组),以产生磁场。在定五子槽里放着三个结构相同的绕组 AX、BY、CZ(A、B、C 为绕组始端,X、Y、Z 为绕组末端)。三个绕组的空间位置互差 120°电角度。

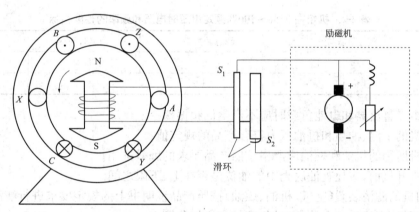

图 4-18　简单的三相交流同步发电机

当原动机拖动电机转子和励磁机旋转时,励磁机输出的直流电流流入转子绕组,产生旋转磁场,磁场切割三相绕组,产生三个频率相同、幅值相等、相应差为 120°的电动势。设磁极磁场的磁通密度沿定子圆周按正弦规律分布,相电势的最大值为 E_m,A 相电势的初相角为零,则三个绕组感应电势的瞬间值为:

$$\begin{cases} e_A = E_m \sin\bar{\omega}t \\ e_B = E_m \sin(\bar{\omega}t - 120°) \\ e_C = E_m \sin(\bar{\omega}t - 240°) \end{cases}$$

当转子磁极为一对时,转子旋转一周,绕组中感应电势正好变化一次。电机具有 p 对磁极时,转子旋转一周,感应电势变化 p 次。设转子每分钟转为 n,则转子每秒钟旋转 $n/60$ 转。因此感应电势每秒钟变化 $pn/60$ 次,即电势的频率为:

$$f = \frac{pn}{60}(\text{Hz})$$

国际规定,工业交流电的频率为 50 Hz,因此,同步发电机的转速 n——电网频率 f 之间具有严格的关系。当电网频率一定时,同步发电机的转速($n = \dfrac{60}{p}f$)为一恒定值。为了保证发电机发出恒定频率的交流电,在原动机上都装有机械或电子调速器,实现转速稳定。这是同步电机与异步电机的根本差别。

4.4 柴油发电机组维护

4.4.1 柴油发电机组的维护总体要求

1. 普通发电机组(包含移动电站)

(1)额定电压 44 m/230 V。

(2)额定频率 50 Hz。

(3)功率因数 0.8(滞后)。

(4)机组在空载额定电压时的线电压波形正弦畸变率不大于 5%。

(5)机组在 95%~100% 额定电压时电压和频率的性能指标见表 4-2。

表 4-2 机组在 95%~100% 额定电压时电压和频率的性能指标

名 称	稳态调整率/%	瞬态调整率/%	稳定时间/s	波动率/%
电压	±4	±20	2.4	0.8
频率	4	±9	6.5	0.8

(6)机组带整流器和电池负载时应不产生低频振荡。

(7)油机的水温、油温和机油压力符合产品的规定值。

(8)油机所用的机油和燃油应严格按照产品要求的牌号选用。

(9)油机开机前,应检查油底壳中的油位是否在上、下限之间。

(10)油机的滤清装置(空气、机油、燃油)按照产品说明书上的规定要求进行清洗和更换。

(11)定时检查启动蓄电池的电压、容量和添加蒸馏水。

2. 无人值守自动化发电机组

无人值守自动化发电机组除具有普通发电机组的技术指标外,还应具有以下自动化指标。

(1)自启动

当市电中断、缺相或电压超过 380 V(−15%~+10%)范围或接地遥开指令后,机组应能自动启动,启动循环包括 3 次,每次启动时间 3~10 s,启动间隔不少于 30 s,启动总时间不超过 120 s,启动成功率应大于 99%。

(2)自动加、卸载倒换

市电停电、机组自启动成功后,自动倒换到主用机组加载供电,若主用机组故障时,自动倒换到备用机组供电。当市电恢复正常后,自动倒到市电供电,这时机组卸载自动延时 3~5 min后停机。

4.4.2 柴油发电机组的操作

1. 柴油机的启动

(1)启动前的准备

①检查柴油机各部分是否正常,各地件连接是否可靠,并排除不正常的现象。

②加灌冷却水(开式循环冷却系统水源水面应高于柴油机淡水泵),添加机油至规定的油面位置,加足所需的燃料量。

③检查电动系统电路接线是否正确,蓄电池充电是否充足。

④检查均匀正常后,开启燃油箱有关阀门,用输油泵上的手泵排除燃油系统中的空气。此时,先旋开喷油泵上的放气螺钉,然后压动手泵,直至放气螺钉处不断流出的燃油无气泡为止。

(2)常温时启动

指环境温度高于 5℃时的启动,其启动步骤如下。

①将喷油泵供油调速手柄推到空载、转速 700 r/min 左右的位置。②将电钥匙打开(2、4 缸柴油机无电钥匙;12 缸柴油机将电钥匙转向"右"位),按下启动按钮,使柴油机启动。如果在 5~10 s 钟内未能启动,应即释放按钮,待停车 1 min 后再作第二次启动。如连续三次不能启动时,应停止启动,找出原因并排除故障后再行启动。③柴油机启动成功后,应即释放按钮,将电钥匙拨回中间位置(12 缸 V 型柴油机应转向"左"位),同时注意各仪表读数,特别是机油压力表,其读数应大于 0.5 kg/cm²(当柴油机转速为 500 r/min),然后让柴油机在 600~750 r/min 的转速下运转一段时间,并检查柴油机各部分运转是否正常,例如可用手指感触配气机构运动件的工作情况,或掀开气缸盖罩壳,观察摇臂等润滑情况。

(3)低温时启动

指环境温度低于 0℃(非增压柴油机)或低于 5℃(增压柴油机)但高于-20℃时的启动,其启动步骤如下。

①非增压柴油机启动前应将机油加热至 40℃左右注入油底壳,并将冷却水加热至 80℃以上灌入柴油机,然后按常温时的启动方法进行启动。

②增压柴油机的压缩比较高,且带有涡轮增压器。故启动较困难。为此,进气管上设有预热装置。启动前在柴油杯里加热柴油,将供油调速手柄推到空载、转速 700 r/min 左右的位置,按下预热按钮,15 min 后,再按启动按钮启动柴油机。同时可采取加热机油和加热冷却水等措施。

③对严寒地区或特殊用途的柴油机,例如-20℃以下使用的柴油机,应采用特殊措施。如柴油机的保温、采用低温蓄电池、特殊规格的机油和燃油等。

2. 柴油机的运转

(1)柴油机的预热

柴油机启动后,空载转速逐渐增加到 1 000~1 200 r/min,然后进入部分负荷运转,待出水温度高于 55℃,机油温度高于 45℃,才允许进入全负荷运转。负荷与转速的提高均应逐渐上升,尽量避免突加或突卸负荷。

(2)柴油机的磨合

新柴油机不宜一开始就以全负荷工作,应以部分功率(不超过 12 h 功率的 80%)使用60 h 左右,以改善柴油机运动件磨合情况,提高柴油机的可靠性和使用寿命。大修后的柴油机,在第一次开车半小时后应打开门板检查运动件的情况。

3. 柴油机一般注意事项

(1)柴油发电机组必须由专业电工操作,非专业人员或非学院电工未经允许不准操作。

(2)机油应选用 CG 级以上,不同牌号的机油不能混合使用。

(3)柴油一般应选用 0 号,冬季根据机房温度进行相应调整。

(4)冷却水至少为软水,建议采用纯净水或蒸馏水。

(5)柴油发电机组配备的说明书、技术保养资料、专用工具必须由电工妥善保管,不得遗失。

4.4.3 柴油发电机组维护

(1)燃油系统维护

若大气气温高于 4℃时,应采用 0# 工业柴油,若大气气温低于 4℃时,应采用 −10# 工业柴油,并保证油量,不够及时添加。检查柴油过滤器的工作时间是否已超过规定更换时间,如采用的柴油较脏,必须缩短柴油过滤器的更换时间,为保证机组燃油系统正常的工作和更长的工作寿命,建议在日用油箱和柴油过滤器之间安装一个油水分离器,使进入柴油过滤器的柴油更加洁净,不仅可以延长柴油过滤器的工作时间,更可保护燃油泵和喷油器等精密偶件。

(2)进气排气系统维护

检查空气过滤器的工作时间是否已超过法定工作时间,并检查整个进气系统有无破损及漏气状况。检查排气弯头、波纹管、排气管、消声器有无破损及漏烟现象。空气滤清器的滤芯易被空气中尘埃、油雾、水气污染使进气阻力增加,进气量减少,发动机冒黑烟,应经常进行检查和清洗,甚至给予更换;每运行 500 h 或当警示装置呈红色时即更换,以保证空气滤清器的干净,可通过足够体积和过滤空气,不会导致排放黑烟现象。

(3)润滑系统维护

检查润滑油标尺的液位是否处于"L"和"H"之间,如低于"L"位,须添加润滑油,所添加的润滑油必须符合发动机润滑油规格等级,同时要检查发动机机油盘的润滑油品质是否良好,如润滑油呈乳白色,则说明润滑油中含有大量的水分;如润滑油异常发稠,则说明润滑油积碳或其他杂质过多;如润滑油异常发稀并且液位涨高,则说明柴油已渗漏到机油盘,以上变质的润滑油必须予以彻底更换,同时必须请资深的检修工程师对发动机故障予以排除后方可添加全新的润滑油。

机油滤清器经磨合期(50 h 或三个月)过后必须更换,以后每 250 h 或半年更换一次。注意:更换机油滤清器同时必须更换润滑油。更换机油时不同品牌、不同型号的机油不得混合使用。

(4)冷却系统维护

打开水箱顶部的水箱盖,检查水箱的冷却液是否已加满,如冷却液不够,须予以加满,并最终旋紧水箱盖。

检查水箱的散热管、上下水室,发动机的水管及连接胶管有无破损及渗漏现象,水泵皮带有无破损及松弛。

(5)皮带检修和更换用 10 kg 的力在两皮带轮之间压风扇皮带,检查风扇皮带的挠度是否在 8~12 mm,如果皮带的挠度不在限定数值内,调整充电发电机位置来调整皮带的挠度。若皮带出现裂纹则需更换。

(6)启动系统维护

检查启动马达、启动继电器、蓄电池的接线头是否完好及有无松动,电源线有无破损,及时加以处理。

蓄电池的电解液液位是否处于正常工作液面,不足时及时添加。对于长时间处于备用状态的蓄电池,为确保蓄电池的正常工作电量,建议采用浮充电器对蓄电池进行日常充电。

（7）柴油发电机组蓄电池维护保养

蓄电池故障在所有故障占到 30%，所以对蓄电池的维护保养必须加以重视。

①新蓄电池在使用前，应注入标准电解液。电解液的液面应高于极板 10～15 mm。刚注入的电解液易被极板所吸收，应及时给予补充。

②因电解液注入蓄电池内发热，因此，需将蓄电池静置 6～8 h，待冷却到 35℃以下方可进行充电。但注入电解液后到充电的时间不得超过 24 h。

③充电时，按正负极对号接入充电电源正负极，切不可接错。

④蓄电池在放电后，应在最短的时间内进行充电，以免发生极板硫酸化。

⑤已充电而搁置未使用的蓄电池，每月最少要补充电一次，长期存放的电瓶，在使用前必须给予适当的充电，以保证电瓶正常的容量。（可通过比重计检测电瓶的实际容量）。

⑥蓄电池应经常保持清洁，定期洗刷外露表面、通气盖上的通气孔及电线接头等。

⑦正常的操作及充电会导致电瓶内一些水被蒸发，这就需要经常对电瓶进行补液。补液前，首先应清洁加注口周围的污物，防止其落入电瓶格中，然后把加注口打开，加入适量的蒸馏水或纯净水，切勿加得过满（以电瓶极板刻度为标准），否则，电瓶放电/充电时，内部的电解液会从加注口的溢流孔涌出，造成对周围物体、环境的腐蚀破坏。定时补充蒸馏水至标准液位，经常检查电解液比重是否在 1.27～1.28。

⑧避免电瓶在低温下启动机组，低温环境下电瓶容量将无法正常输出，且长时间放电有可能造成电瓶故障。备用机组电瓶应定期对电瓶进行维护充电，可配备浮充电器。

4.5　汽油发电机

小型汽油发电机组由发动机、发电机和控制设备等部分组成，如图 4-19 所示。在通信中主要作为移动基站、工程施工等小型动力设备的备用电源。

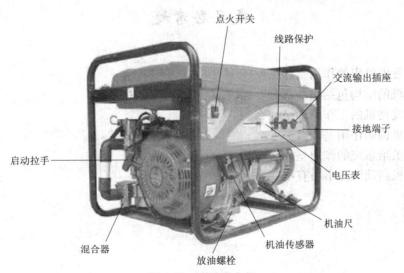

图 4-19　汽油发电机

1. 机组启动前的检查

机油油位检查,机组启动前在平坦的地基表明检查机油。

(1)打开加油盖,用干净抹布清洁机油尺(位置在控制面板的中下部发动机箱体上);

(2)将机油尺插入加油口,如油位低于机油尺下限,需加机油;

(3)加注机油至机油尺上限;

(4)牢固装好机油尺。

2. 机组启动、运行

(1)从交流插座拆除任何负载,并关闭交流输出开关(线路保护器)。

(2)将停机开关置于"开"位置。

(3)轻轻拉起启动手柄直至感到有阻力时,用力拉起。

(4)机子空载运行抖动时,微调可调旋钮至机子转速稳定。

(5)注意检查机组运行是否正常。

3. 停机

关闭交流输出开关(线路保护器);关闭停机开关;拔出输出插头,切断燃气供给。

如果要紧急停止机组,可将停机开关置于"关"位置。

机组停机后应有充分时间让其自然冷却,不要急于收藏装箱,以防余热酿成火灾。

4. 发电机使用注意事项

(1)为防止电气错误使用,请进行发电机组的可靠接地。

(2)首先启动机组,然后连接输出电缆,再接通交流输出开关(线路保护器)。

(3)一些电器设备,尤其是马达驱动装置在启动时产生很大启动电流;达到电器设备额定电流的3～5倍。

(4)请注意启动电流不能够超过机组的负荷。

(5)接入两个以上负荷时,请依次先接通启动电流高的负荷。

复习思考题

1. 油机发电机组的作用是什么?

2. 柴油机的结构包括哪些部分?

3. 柴油发动机的工作原理是什么?

4. 配气机构的作用是什么?

5. 燃油供给系统的作用是什么?

6. 柴油机启动注意事项有哪些?

第5章 空 调

空气调节器,简称空调,即用控制技术使室内空气的温度、湿度、清洁度、气流速度和噪声达到所需的要求。它起到改善机房环境温度、湿度,确保电信设备正常运行的作用。空调的功能主要有制冷、制热、加湿、除湿和温湿度控制等。

机房专用空调是针对计算机机房和各类通信机房的特点和要求而设计的。它除了具备普通空气调节器的功能外,还具备恒温恒湿、控制精度高、空气洁净度高、可靠性高等特点。

5.1 空调概述

5.1.1 基本概念

1. 温度的概念

在日常生活中,我们习惯用感觉来判别物体的冷热,用手摸冰感到冰是凉的,用手摸热水壶觉得是烫的。冰的冷说明它的温度低,热水壶的热说明它的温度高。对于温度的概念,我们可以简单地理解为温度是表示物体冷热程度的物理量。从分子运动论我们知道,物体的温度同大量分子的无规则运动速度有关。当物体的温度升高时,分子运动的速度就加快,反过来说,如果我们用某种方法来加快分子无规则运动的速度,那么物体的温度就升高。从而我们可以理解,热水的温度高,冰水的温度低,是因为它们的分子运动速度不同,可见分子运动速度决定了物体的热状态。所以我们把物体大量分子的无规则运动叫作热运动。

2. 温度的计量

我们怎样判别一个物体的温度呢?用人的感觉来判别温度实际上是不准确的。比如,冬天寒风刺骨,一个人从外面走进了屋子,感觉这间屋子很暖和,另一个人从更热的地方进了这间屋子,反而觉得这间屋很冷。同样一盆冷水,冷热不同的两只手放进去,感觉这盆水冷热不同。所以要准确测量温度,必须用温度计。

我们平常使用的温度计,是把纯水的冰点定为 $0℃$。把一个大气压下沸水温度定为 $100℃$。在 $0℃$ 和 $100℃$ 之间分成 100 等份,每一份就是 $1℃$,这种方法确定的温标叫作摄氏温标,摄氏温标是瑞典天文学家摄尔修斯在 1742 年提出来的,所以一般都认为摄氏温标的记号"$℃$"是摄尔修斯的英文字头。除了摄氏温标,另外在欧美等国家还采用华氏温标,以"$℉$"表示,华氏温标把水的冰点定为 $32℉$,水的沸点定为 $212℉$,在 $32℉$ 和 $212℉$ 之间分为 180 等份,每份为 $1℉$,所以华氏温标的换算关系为:

$$℃ = \frac{5}{9}(℉ - 32) \qquad ℉ = \frac{9}{5}℃ + 32$$

在热力学中,常用绝对温标,单位为开(尔文)符号为℃K,它是把水的冰点定为273.15℃K,沸点定为373.15℃K,在换算时常略去0.15℃K,只有273℃K。

热力学温度 K 与摄氏温度的换算关系为:

$$K = ℃ + 273 \qquad ℃ = K - 273$$

3. 湿度的概念

表示空气中含有水蒸气多少的物理量称作湿度。

(1)绝对湿度

每立方米的湿空气中含有的水蒸气重量称为湿空气的绝对湿度,绝对湿度以 kg/m^3 计算。

(2)相对湿度

在指某湿空气中所含水蒸气的重量与同温度下饱和空气中所含水蒸气的重量之比。把这比值用百分数表示,例如机房平常所说的湿度为60%,即指相对湿度而言。通常空气中水蒸气的最大含量,随温度高低而异,空气温度较高时,水蒸气的最大含量要比温度较低时大。

4. 热和热量的概念

在日常生活中,我们有这样的经验,把冷热程度不同的物体放在一起时,热的物体会慢慢冷下来,冷的物体会逐渐热起来。我们把一杯刚烧开的水与一杯凉水混合,可以得到不冷不热的温水。这时候我们就说开水放出了若干热量,它们进行了热传递。

热量是热传递过程中物体内能变化的量度。也可以说,在热传递过程中,物体吸收或放出了热的量叫作热量。热量的定义揭示了热的本质,指出了热传递过程实质上是能量的转移过程,而热量就是能量转换的一种量度。

在国际单位制中,热量的单位是焦耳(J),在工程技术中,常用的单位有卡(cal)千卡(kcal)等,1克的纯水温度升高或降低1℃时,所吸收或放出的热量就是一卡、一卡的热量和4.18焦耳的功相当,这个热量单位和功的单位之间的数量关系,在物理学中叫作热功当量,用 J 来表示:

$$J = 4.18J/cal$$

既然热量是物体热能变化的一种量度。因此,热量单位也可以用焦耳来表示,于是热量有两种单位,焦耳和卡,这两个单位的换算关系是:

$$1 卡 = 4.18 焦耳 或 1 焦耳 = 0.24 卡$$

5.1.2 空调的任务

我们知道,空气有四大指标:温度,湿度,速度和洁净度。空调的任务就是调节这4个指标。

1. 温度调节

就是将温度控制在理想温度值范围。一般来说,工作环境和设备要求都有一定的范围,夏季,人感觉最舒服的温度为20~27℃;冬季,人感觉最舒服温度为16~22℃;电信程控机房温度要求为15~25℃。空调有制冷、制热和温度控制功能,能将室内温度控制在理想温度范围内。但是夏季室内外温差不可太大,否则易感冒,因此提出了一个夏季空调房间温度控制经验公式:

$$t = 22℃ + \frac{1}{3}(t_y - 21) \quad (t 为室内温度,t_y 为室外环境温度)$$

2. 湿度调节

空气过于潮湿或过于干燥,人体会产生不适,相对湿度小于 30%,会使人口干、唇裂,感到干燥;相对湿度过高,则汗不宜蒸发,有会使人感到烦闷。对于电信机房,湿度太低,机房太干燥,易产生静电;湿度太高,电子元器件易产生短路现象。

湿度调节就是对空气进行增湿或去湿以调节空气中水蒸气的含量。

一般来说,冬季的相对湿度在 40%~50% 之间,夏季的相对湿度在 50%~60% 之间,人的感觉会比较舒适;电信机房的湿度一般要求为 30%~70%。

3. 调节空气流速

人处在适当低速流动的空气中比在静止的空气中要觉得凉爽,若处在变速的气流中则比处在恒速的气流中要觉得舒适,一般在人的工作区或生活区内气流速度不可太大,夏季一般在 0.3 m/s 以下,冬季一般在 0.5 m/s 以下。在电信机房,气流速度以保证能充分带走设备热量为宜。

4. 空气洁净度调节

空气中一般都有处于悬浮状态的固体或液体微粒,它们很容易随着人的呼吸进入气管、肺等器官,黏附在其上,这些微尘还带有细菌,传播各种疾病,因此,在空调进程中对空气滤清是十分必要的,空调是靠空气过滤网来吸附空气中的微尘,起到除尘、净化空气的作用。

5.2　制冷原理

制冷的方法很多,制冷机的种类也很多,根据制冷的基本工作原理可分为气体制冷,蒸汽制冷(如压缩式制冷、吸收式制冷和蒸气喷射式制冷)和温差电制冷(如半导体制冷)。机房专用空调机通常采用的是蒸气压缩式制冷。

5.2.1　蒸气压缩式制冷原理

蒸气制冷是利用某些低沸点的液态制冷剂在不同压力下汽化时吸热的性质来实现人工制冷的。

在制冷技术中,蒸发是指液态制冷剂达到沸腾时变成气态的过程。液态变成气态必须从外界吸收热能才能实现,因此是吸热过程,液态制冷剂蒸发汽化时的温度叫作蒸发温度,凝结是指蒸汽冷却到等于或低于饱和温度,使蒸汽转化为液态。

在日常生活中,我们能够观察到许多蒸发吸热的现象。比如,我们在手上擦一些酒精,酒精很快蒸发,这时我们感到擦酒精部分很凉。又如常用的制冷剂氟氯昂 F-12 液体喷洒在物体上时,我们会看到物体表面很快结上一层白霜,这是因为 F-12 的液体喷到物体表面立即吸热,使物体表面温度迅速下降(当然这是不实用的制冷方法,制冷剂 F-12 不能回收和循环使用)。目前一些医疗机构采用的冷冻疗法即是利用了这一原理。

蒸气压缩式制冷是利用液态制冷剂汽化时吸热,蒸汽凝结时放热的原理进行制冷的。

5.2.2　制冷循环

压缩机是保证制冷的动力,利用压缩机增加系统内制冷剂的压力,使制冷剂在制冷系统内循环,达到制冷目的。开始压缩机吸入蒸发制冷后的低温低压制冷剂气体,然后压缩成高温高压气体送冷凝器;高压高温气体经冷凝器冷却后使气体冷凝变为常温高压液体;当常温高压液体流入热力膨胀阀,经节流成低温低压的湿蒸气,流入蒸发器,从周围物体吸热,经过风道系统使空调房间温度冷却下来,蒸发后的制冷剂回到压缩机中,又重复下一个制冷循环,从而实现制冷目的。

5.2.3　制冷剂在制冷系统中状态

从压缩机出口经冷凝器到膨胀阀前这一段称为制冷系统高压侧;这一段的压力等于冷凝温度下制冷剂的饱和压力。高压侧的特点是:制冷剂向周围环境放热被冷凝为液体,制冷剂流出冷凝器时,温度降低变为过冷液体。

从膨胀阀出口到进入压缩机的回气这一段称为制冷系统的低压侧,其压力等于蒸发器内蒸发温度的饱和压力。制冷剂的低压侧段先呈湿蒸气状态,在蒸发器内吸热后制冷剂由湿蒸气逐渐变为气态制冷剂。到了蒸发器的出口,制冷剂的温度回升为过热气体状态。过冷液态制冷剂通过膨胀阀时,由于节流作用,由高压降低到低压(但不消耗功、外界没有热交换);同时有少部分液态制冷剂汽化,温度随之降低,这种低压低温制冷剂进入蒸发器后蒸发(汽化)吸热。低温低压的气态制冷剂被吸入压缩机,并通过压缩机进入下一个制冷循环。

5.2.4　制冷量

在制冷循环中,循环流动的每千克制冷剂从被冷却物体吸收的热量叫作单位重量制冷量,用符号 q 表示,单位是 kcal/kg,单位重量制冷量是表示制冷循环效果的一个特殊参数,这由制冷剂的性质,循环温度等条件决定,蒸发温度越低,冷凝温度越高,其值越小,反之越大。制冷装置的产冷量是单位时间内从被冷却物体吸收并在冷凝器中放掉的热量,用符号 Q 表示,单位是 kcal/kg。Q 值的大小等于冷重量流量 G 与单位重量制冷量 q 的乘积,即:

$$Q = G \cdot q$$

在实际工作中,有时为了方便地获得制冷量的粗略计算也可通过下式计算

$$Q = L \cdot (t_2 - t_1)$$

式中 L 为循环风量,$(t_2 - t_1)$ 为进出风温度差。

在日本、欧美等国家制冷量常用冷吨来表示,但日本冷吨与美国冷吨在数值上略有差别,在日本,产冷量的单位用日本冷吨,1 日冷吨表示 1 000 克 0℃ 的水在 24 小时内制成 0℃ 的冰所消耗的冷量:

$$1 \text{ 日冷吨} = 3\,320 \text{ kcal/h}$$

$$1 \text{ 美冷吨} = 3\,024 \text{ kcal/h}$$

常用制冷量的单位换算:

$$1 \text{ kW} = 860 \text{ kcal/h(大卡/小时)}$$

$$1 \text{ kcal/h} = 3.968 \text{ BTU/h(英热单位/小时)}$$

5.2.5　制冷剂

制冷剂是进行制冷循环的工作物质。

1. 对制冷剂的要求

理想的制冷剂要求化学性质是无毒、无刺激性气味、对金属腐蚀作用小、与润滑油不起化

学反应,不易燃烧、不易爆炸,并且要求制冷剂有良好的热力学性质,即在大气压力下它在蒸发器内的蒸发温度要低,蒸发压力最好与大气压相近;制冷剂在冷凝器中、冷凝温度对应的压力要适中,单位制冷量要大,汽化热要大,而液体的比热要小,气体的比热要大。要求制冷剂的物理性质:凝固温度要低,临界温度要高(最好高于环境温度),导热系数和放热系数要大,比重和黏度要小,泄漏性要小。

2. 制冷剂的种类

制冷剂种类很多,实际应用时可根据制冷剂类型、蒸发温度、冷凝温度和压力等热力学条件以及制冷设备的使用地点来考虑。制冷剂可分为 4 类:即无机化合物、碳氢化合物、氟氯昂和共沸溶液。

(1)无机化合物制冷剂有氨、水和二氧化碳等;

(2)碳氢化合物制冷剂有乙烷、丙烯等;

(3)氟氯昂(FREON)是 19 世纪 30 年代开始使用的一种制冷剂,比氨晚 60 年左右,它是饱和碳氢化合物的卤族(氟、氯、溴)衍生物的总称,或者说是由氟、氯和碳氢化合物组成的。目前作为制冷剂用的主要是甲烷(CH_4)和乙烷(C_2H_6)中的氢原子、全部或部分被氟氯溴的原子取代而形成的化合物,除名称之外,化学分子式规定了氟氯昂各种类别的缩写代号。

(4)共沸溶液是由两种以上制冷剂组成的混合物。蒸发和冷凝过程也不分离。就像一种制冷剂一样。目前实用的有 R500、R502 等。与 R22 相比其压力稍多,制冷能力在较低温度下提高 13% 左右。此外在相同蒸发温度和冷凝温度下。压缩机的排气温度较低。可以扩大单组压缩机的使用温度范围,所以发展前景看好。

3. 制冷剂的使用与存放

各种制冷剂,物理化学性质各不相同,在不同温度下,具有不同的饱和压力,在常温下,有的压力高,有的压力低,但无论压力如何,各种制冷剂钢瓶均为压力容器,使用时要多加小心。由于各种制冷剂性质不同,大多数属于易爆物。在钢瓶腐蚀未作检验,或遇到外界的突然暴晒或火源时,有发生爆炸的可能。有的制冷剂还是有毒物。因此,对制冷剂的存放、搬运、使用都必须小心。

无论何种制冷剂用完后,应立即关闭钢瓶阀门,在检修系统时,如果从系统中将制冷剂抽出压入钢瓶时,应得到充分的冷却,并严格控制注入钢瓶的重量,决不能装满,一般不超过钢瓶容积的 60%,让其在常温下膨胀时有一定余地。另外,在用卤素灯给制冷系统检漏时,遇颜色改变,确定漏点后,应立即移开吸口,以免光气中毒。

5.2.6 制冷系统的构造及组成

构成基本的制冷系统主要有四大部件:压缩机、蒸发器、冷凝器、膨胀阀。

为了改善制冷系统的性能,达到更好的使用性能,通常还有不少辅助器件:液体管路电磁阀、视液镜、液体管道干燥过滤器、高低压力控制器等。空调系统的构成如图 5-1 所示。

1. 压缩机

压缩机按其结构分为三类:开启式、半封闭式、全封闭式。目前大部分机房专用空调采用全封闭式压缩机,只有力博特空调部分型号采用半封闭式压缩机。

全封闭制冷压缩机是一种压缩机与电动机一起装置在一个密闭铁壳内形成的一个整体。从外表看只有压缩机的吸排气管接头和电动机的导线;压缩机壳分为上下两部分,压缩机和电动机装入后,上下铁壳用电焊焊接成一体。平时不能拆卸,因此机器使用可靠。

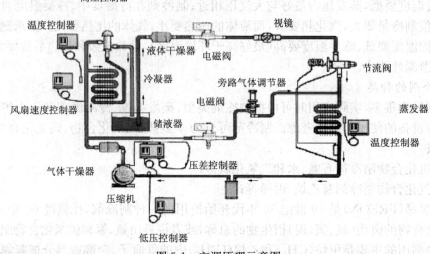

图 5-1　空调原理示意图

在全封闭制冷压缩机中,又有活塞型压缩机和涡旋式压缩机。

在近期生产的机房专用空调系统中,采用的压缩机均为全封闭涡旋式制冷压缩机。它的构造主要由下列各项组成:旋转式进、出口阀门;压力表接口;内置式过载保护;弹性机座;曲轴箱加热器;内置式润滑油泵。

涡旋式制冷压缩机最大的优点如下。

(1)结构简单:压缩机体仅需 2 个部件(动盘、定盘)就可代替活塞压缩机中的 15 个部件。

(2)高效:吸气气体和变换处理气体是分离的,以减少吸气和处理之间的热传递,可以提高压缩机的效率。涡旋压缩过程和变换过程都是非常安静的。

2. 蒸发器

蒸发器是制冷循环系统中的另一个重要的热交换部件。从膨胀阀送出的低温低压的制冷剂液体进入蒸发器蒸发吸热,开始绝大部分是湿蒸汽,随着湿蒸汽在蒸发器内流动与吸热,液体逐渐蒸发为蒸汽,蒸汽含量越来越多,当接近蒸发器出口时,成为干蒸汽。在这个过程中,蒸发温度保持不变,干蒸汽还会继续吸热,成为过热蒸汽。从而实现制冷的目的。如图 5-2 所示。

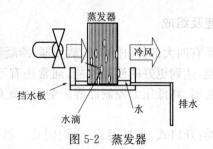

图 5-2　蒸发器

(1)蒸发器的分类

蒸发器按其被冷却的介质种类可分为冷却液体的蒸发器(干式蒸发器)和冷却空气用的蒸发器(表冷式蒸发器)这两大类。

空调系统所使用的蒸发器一般为冷却空气的蒸发器。当制冷系统的氟氯昂液态进入膨胀阀节流后送入蒸发器，属于汽化过程，这时候需要吸收大量热量，使房间温度逐步降低，以达到制冷及去湿效果。

（2）A 型蒸发器

"A"型结构蒸发器的优点是该结构具有较大的迎风面积和较低的迎面风速以防止逆风带水。蒸发器配备有"1/2"铜管铝翅片及不锈钢凝结水盘，以利热量更好的传递。

蒸发器盘管分为多路进入并作交错安排，借此使每个制冷系统都能遍布于盘管迎风面上，当单一制冷系统运行时，显热制冷量可达总制冷量的 55%～60%。

（3）蒸发器的去湿功能

在正常制冷循环中，室内机风扇以正常速度运转，供给设计气流以及最经济的能量以满足制冷量的要求。

①简单的除湿功能

当需要除湿时，压缩机运行，但室内机马达转速降低，通常为原转速的 2/3，因此风量也减少了 1/3，通过冷却盘管的出风温度变成过冷，产生良好的冷凝效果即增加了除湿量。以此法增加去湿量带来的弊端有：当出风量减少 1/3，通常在几秒钟之内出风温度降低 2℃～3℃，当突然降温速度达到最大允许值——每 10 分钟降低 1℃时，造成控制可靠性降低；当出风量减少 1/3，过滤效率降低，对换气次数及通风量都有很大影响，造成室内控制精度降低和温度分布不均匀；由于出风温度降低，需接通电加热器以提高室温，造成温度控制不精确和增加运行费用。

②专门的去湿循环

冷却绕组分为上、下两个部分，分别为总冷却绕组的 1/3 和 2/3。在正常冷却方式下，制冷工质流过冷却绕组的两个部分。在除湿方式下，常开电磁阀关闭，这样就把通向冷却绕组的上部绕组（1/3 部分）的氟氯昂制冷剂切断了，全部氟氯昂制冷剂都流向冷却绕组的下部绕组（2/3）部分。通过下部绕组的空气的温度是很低的，通常至少比冷却循环中的空气降低 3℃，所以增加了去湿效果，但其弊端是总制冷量会减小以及吸气压力降低。

③旁路气体调节器

在"A"型蒸发器顶部安装一个旁路气体调节器，在正常冷却方式下这个调节器是关闭的，所有返回的气体都要平均地经过两个冷却绕组。当需要进行除湿操作时，旁路气体调节器完全打开，使 1/3 的返回气体旁路经过 A 框绕组的顶部而没有经过冷却，另外 2/3 的返回气体均匀地通过 A 框绕组，排出气体的温度被快速降低，增加去湿效果。

此种去湿方法的效果与专门的去湿循环相同，但是其优点是总制冷量将保持不变。

3. 冷凝器

冷凝器（如图 5-3 所示）按其冷却形式可分为三大类型：水冷式、风冷式、蒸发式及淋水式。

图 5-3　冷凝器

（1）水冷式

在水冷式冷凝器中，制冷剂放出热量被冷却水带走。冷却水可以一次流过，也可以循环使用。当使用循环水时，需要有冷却水塔或冷水池。水冷冷凝器有壳管式、套管式、沉浸式等结构形式。如图5-4所示。

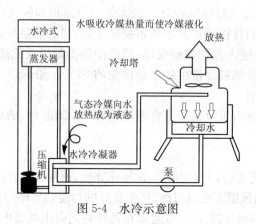

图5-4 水冷示意图

（2）风冷式

在风冷式冷凝器中，制冷剂放出的热量被空气带走。它的结构形式主要为若干组铜管所组成，由于空气传热性能很差，故通常都在铜管外增加肋片，以增加空气侧的传热面积，同时采用通风机来加速空气流动，使空气强制对流以增加散热效果。如图5-5所示。

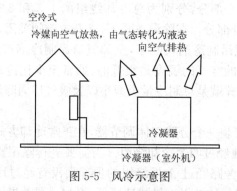

图5-5 风冷示意图

（3）蒸发式及淋水式

在这类冷凝器中，制冷剂在管内冷凝，管外同时受到水及空气的冷却。

目前进口机房专用空调的类型以风冷型为主。下面对风冷型冷凝器作详细叙述。

风冷冷凝器采用$\phi 10$铜管、铝翅片结构，风机采用可调速电机，以保证冷凝器在冬季、夏季能够均衡使用，也使冷凝压力在很冷、很热的环境下不致变化太大。

风冷冷凝器适用于环境温度$-30℃\sim +40℃$范围之内，当环境温度较高时，将引起冷凝器压力升高，调速器的压力传感机构感受到这种压力的变化，并将这种变化转变为输出电压的变化，从而使电机转速产生变化以达到调节强制对流效果的目的。

当然，由于采用了无级调速的装置，因此这种电机转速的变化是能够非常平滑过渡的。

机房专用空调室外冷凝器在出厂时已经过调整及校验，但由于长途运输或者长期使用中的震动，偶尔会出现调速器的设定漂移现象。如果出现此情况可参照相应型号的说明书适当调整。

通常室外机调整转速过程为:室外机高压压力在 14 kgf/cm² 左右时风机起转,在20～24 kgf/cm² 时达到满负荷转速,而在 14～18 kgf/cm² 时调速性能达到最佳状态。

4. 热力膨胀阀

(1)热力膨胀阀的结构

膨胀阀的顶部由密封箱盖波纹薄膜感温包和毛细管组成一个密闭容器,里面灌注氟氯昂,成为感应机构。感应机构内灌注的制冷剂可以与制冷系统的相同,也可以不同,比如制冷系统用的是 F-22,感温包可灌注 F-12 或 F-22,感温包用来感受蒸发器出口的过热蒸汽温度,毛细管作为密封箱与感温包的连接管,传递压力作用在膜片上,波膜片是由一块 0.2 mm 左右的薄合金片冲压成形,断面是波浪形的。受力后弹性形变性能很好,调节杆是用来调整膨胀阀门的开启过热度,在调试过程中用它来调节弹簧的弹力。调节杆向里旋时,弹簧压紧,调节杆向外旋时,弹簧放松。传动杆顶在阀针座与传动盘之间传递压力,阀针座上装有阀针,用来开大或关小阀孔。

(2)热力膨胀阀的工作原理

膨胀阀通过感温包感受蒸发器出口端过热度的变化,导致感温系统内(感温系统是由感温包、毛细管、传动膜片和传动波纹管这几种互相连通的零件所构成的密闭系统)充注物质产生压力变化并作用于传动膜片上,促使膜片形成上下位移,再通过传动片将此力传递给传动杆而推动阀针上下移动,使阀门关小或开大,起到降压节流作用和自动调节蒸发器的制冷剂供给量并保持蒸发器出口端具有一定过热度,得以保证蒸发器传热面积的充分利用,以及减少液击冲缸现象的发生。

(3)膨胀阀的种类:内平衡、外平衡

作用于热力膨胀阀体内传动膜片下部的压力为节流后的蒸发压力(这一压力通过传动杆和传动片的缝隙而进入膜片下部分空间)这种结构称为内平衡式膨胀阀。

作用于热力膨胀阀体内传动膜片下部的压力不是节流后的蒸发压力,而是通过外接平衡管将蒸发器出口端的压力引入传动膜片下部空间结构的阀门、称为外平衡式热力膨胀阀。

与内平衡式膨胀阀相比,外平衡式热力膨胀阀的过热度要小得多,所以采用外平衡式热力膨胀阀时,能充分发挥蒸发器的传热面积的作用和提高制冷装置的效果,在蒸发器阻力较小、压力损失不大的情况下,可选用内平衡式热力膨胀阀;当蒸发阻力较大,压力损失比较大或具有液体分配器时,应选用外平衡式热力膨胀阀。采用分配器的,一般都选用外平衡膨胀阀。

在专用空调机中采用的通常是外平衡式热力膨胀阀。热力膨胀阀虽只是一个很小的部件,但它在制冷系统中的作用必不可少,所以它与制冷压缩机、蒸发器、冷凝器并称为制冷系统四大部件。

5. 制冷系统的其他辅件

(1)液体管路电磁阀

液体管路电磁阀在制冷系统中可以受压力继电器、温度继电器发出的脉冲信号形成自动控制。在压缩机停机时,由于惯性作用以及氟氯昂的热力性质,使氟氯昂大量进入蒸发器,在压缩机再次启动时,湿蒸气进入压缩机吸入口引起湿冲程,不易启动,严重的时候甚至将阀片击破。液体管路电磁阀的设置,使这种情况得以避免。在佳力图空调机系统中,压缩机的启动也依赖于电磁阀,静止时电磁阀将高低压分为 2 个部分,低压部分的较低压力低于低压压力控制器的开启值。所以压缩机处于停止状态。当压缩机需要启动时,通过电脑输出信号接通电

磁阀,当阀开启时,高压压力迅速向低压释放,当低压压力达到低压控制器开启值时,压缩机才能启动。

(2)视液镜

视液镜在制冷系统中处于制冷电磁阀和干燥过滤器之间,顾名思义,它是用来观察液体流动状态的,根据气泡的多少可以作为制冷剂注入量的参考,根据视液镜颜色可以看出系统内水分的含量。

(3)液体管道干燥过滤器

通常,液体管道干燥过滤器是不可拆卸的。内部采用分子筛结构,能够去除管道中的少量杂质水分等,起到净化系统的目的。因管道在焊接中会出现氧化物,并且氟氯昂制冷剂的纯度也有所不一,所以我们采用的氟氯昂制冷剂都要求进口的。液体管道干燥过滤器出现堵塞时,会引起吸气压力降低,在过滤器两端会出现温差,如出现这种情况,需要更换过滤器。

(4)高低压力控制器

在制冷系统中高低压力控制器是起保护作用的装置。高压保护是上限保护,当高压压力达到设定值时,高压控制器断开,使压缩机接触器线圈释放,压缩机停止工作,避免在超高高压下运行损坏零件。高压保护是手动复位,当压缩机要再次启动时,需先按下复位按钮。当然,在重新启动压缩机前,应先检查出造成高压过高的原因,给予排除后,才能使机器运转正常。

低压保护是为了避免制冷系统在过低压力下运行而设置的保护装置。它的设定分为高限和低限。它的控制原理是:低压断开值就是上限—下限的压差值,重新开机值是上限值。低压控制器是自动复位,所以要求操作人员经常观察机器的运行情况,出现报警时要及时处理,避免压缩机长时间频繁启停而影响寿命。

5.3 加湿装置

在电信部门所有的交换机房、计算机机房、各模块局,不但对温度有一定的要求范围,对湿度同样有较高的要求范围:一般机房温度应保持在 $12\sim25℃$,相对湿度为 $30\%\sim70\%$;一般电信机房的温度应保持在 $10\sim30℃$,相对湿度为 $30\%\sim75\%$。为了达到这一指标,在机房专用空调中安装了加湿装置,它受机房空调的电脑板控制,当机房湿度低于设定湿度下限时,自动启动加湿循环;当机房湿度高于设定湿度上限时,自动停止加湿。使机房温、湿度在正常范围内。

加湿器按照加湿方式分成两类:红外线加湿器和电极锅炉式。

1. 红外线加湿器

(1)红外线加湿器组成

红外线加湿器由高强度石英灯管、不锈钢反光板、不锈钢蒸发水盘、温度过热保护器、进水电磁阀、手动阀门、加湿水位控制器等组成。

(2)红外线加湿器工作原理

当空调房间湿度低于设定的湿度时,由电脑输出加湿信号,高强度石英灯管电源接通,通过不锈钢反光板反射,$5\sim6s$ 内即可将水分子蒸发,送入送风系统,以达到加湿目的。水位控制是由浮球阀来担当的,并且和进水电磁阀共同组成了一个自动供水系统,如果供水量偏小或者无水供应,那么通过一个延时装置将自动切断红外线加湿灯管系统接触器线圈的电源,使之停止工作,在加湿器不锈钢反光板上部和水盘下部各有一个过热保护装置,当停水或水压不够时,设备出现过热现象,当温度达到设定值时,保护装置将断开加湿器工作状态,并同时引发加湿报警出现。

2. 电极锅炉式加湿器

(1)电极锅炉式加湿器组成

电极锅炉式加湿器由电极锅炉、蒸汽喷雾管、进水电磁阀、排水电磁阀、水位控制器等组成。如图 5-6 所示。

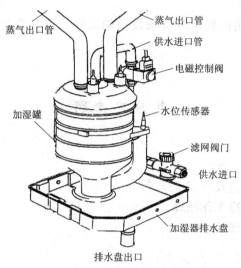

图 5-6 电极锅炉式加湿器

(2)电极锅炉式加湿器工作原理

当空调房间湿度低于设定的湿度时,由电脑输出加湿信号,电源接通,电磁阀打开,水将充填到传感器的水平。当加湿器中的电极加电以后,所产生的电流使水中的离子(不纯物质)产生运动,并逐渐热起来,达到沸点后产生蒸汽。几分钟之内加湿器罐内有大量的水蒸气,水蒸气不断地从蒸气出口管流出,进入箱体蒸发器,再由风机送到机房,使环境湿度提高从而改变了湿度。正常运行中,供水电磁阀每几分钟会打开以重新充水。

5.4 空调器的维护和主要技术要求

1. 电信空调机房一般要求

(1)房间密封良好(门窗密封闭防尘、封堵漏气孔道等),气流组织整理,保持正压和足够的新风量。

(2)程控机房的温度应保持在 15～25℃,相对湿度为 30％～70％。

(3)一般电信机房的温度应保持在 10～30℃,相对湿度为 30％～75％。

(4)为节约能源,通信机房空调一般不使用制热功能,温度设置尽可能靠近温度上限。

（5）安装空调设备的机房不准堆放杂物，环境应整洁，设备周围应留有足够的维护空间。

2. 空调技术要求

（1）设备应有专用的供电线路，电压波动不应超过额定电压的−10%～+10%，三相电压不平衡度不超过 4%，电压波动大时应安装自动调压或稳压装置。

（2）设备应有良好的保护接地，接地电阻不大于 10 Ω。

（3）使用的润滑油符合要求，使用前应在室温下静置 24 h 以上，加油器具应洁净，不同规格的润滑油不能混用。

（4）空调系统能自动调节室内温、湿度，并能长期稳定工作。有可靠的报警和自动保护功能。

（5）集中监控系统应能正确及时反映设备的工作状况和报警信息，具有分级别控制的功能。

复习思考题

1. 空调的主要作用是什么？
2. 简述空调系统的构造及组成。
3. 简述空调系统的制冷工作原理。
4. 简述空调维护的一般要求。

第6章　高频开关整流设备

在通信局(站)中,一般把交流市电或发电机产生的电力作为输入,经整流后向各种电信设备和二次变换电源设备或装置提供直流电的电源称为直流电源。我国电信设备用的−48 V电源可直接向程控交换、数字传输等各种通信设备供电,对换流设备如直流变换器等供电时具有广泛的适用性,故提出−48 V为直流基础电源。

6.1　高频开关电源的基本原理

1. 高频开关电源的组成

开关电源的基本电路框图如图 6-1 所示。

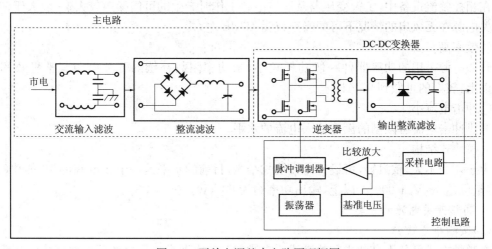

图 6-1　开关电源基本电路原理框图

开关电源的基本电路包括两部分。一是主电路,是指从交流电网输入到直流输出的全过程,它完成功率转换任务。二是控制电路,通过为主电路变换器提供的激励信号控制主电路工作,实现稳压。

（1）主电路

①交流输入滤波器:其作用是将电网中的尖峰等杂波过滤,给本机提供良好的交流电,另外也防止本机产生的尖峰等杂音回馈到公共电网中。

②整流滤波:将电网交流电源直接整流为较平滑的直流电,以供下一级变换。

③逆变:将整流后的直流电变为高频交流电,尽量提高频率,以利于用较小的电容、电感滤波(减小体积、提高稳压精度),同时也有利于提高动态响应速度。频率最终受到元器件、干扰、功耗以及成本的限制。

④输出整流滤波:是根据负载需要,提供稳定可靠的直流电源。

其中逆变将直流变成高频交流,输出整流滤波再将交流变成所希望的直流,从而完成从一种直流电压到另一种直流电压的转换,因此也可以将这两个部分合称 DC-DC 变换(直流-直流变换)。

(2)控制电路

从输出端采样,经与设定标准(基准电源的电压)进行比较,然后去控制逆变器,改变其脉宽或频率,从而控制滤波电容的充放电时间,最终达到输出稳定的目的。

开关整流器有如下特点。

①重量轻,体积小

采用高频技术,去掉了工频变压器,与相控整流器相比较,在输出同等功率的情况下,开关整流器的体积只有相控整流器的 1/10,重量也接近 1/10。

②功率因数高

相控整流器的功率因数随可控硅导通角的变化而变化,一般在全导通时,可接近 0.7 以上,而小负载时,仅为 0.3 左右。经过校正的开磁电源功率因数一般在 0.93 以上,并且基本不受负载变化的影响(对 20%以上负载)。

③可闻噪音低

在相控整流设备中,工频变压器及滤波电感工作时产生的可闻噪声较大,一般大于60 dB。而开关电源在无风扇的情况下可闻噪声仅为 45 dB 左右。

④效率高

开关电源采用的功率器件一般功耗较小,带功率因数补偿的开关电源其整机效率可达88%以上,较好的可做到 91%以上。

⑤冲击电流小

开机冲击电流可限制的额定输入电流的水平。

⑥模块式结构

由于体积不大,重量轻,可设计为模块式结构,目前的水平是一个 2 m 高的 19 英寸(in)机架,容量可达 48 V/1 000 A 以上,输出功率约为 60 kW。

2. 高频开关电源的分类

(1)按激励方式分

按激励方式可分为自激式和他激式。自激式开关电源在接通电源后功率变换电路就自行产生振荡,即该电路是靠电路本身的正反馈过程来实现功率变换的。

自激式电路出现最早。它的特点是电路简单、响应速度较快,但开关频率变化大、输出纹波值较大,不易作精确的分析、设计,通常只有在小功率的情况下使用,如家电、仪器电源。

他激式开关电源需要外接的激励信号控制才能使变换电路工作,完成功率变换任务。

他源激式开关电源的特点是开关频率恒定、输出纹波小,但电路较复杂、造价较高、响应速度较慢。

(2)按开关电源所用的开关器件分

按开关电源所用的开关器件可分为双极型晶体管开关电源、功率 MOS 管开关电源、IG-

BT 开关电源、晶闸管开关电源等。

功率 MOS 管用于开关频率 100 kHz 以上的开关电源中,晶闸管用于大功率开关电源中。

(3)按开关电源控制方式分

按开关电源控制方式可分为脉宽调制(PWM)开关电源、脉频调制(PFM)开关电源和混合调制开关电源。

(4)按开关电源的功率变换电路的结构形式分

按开关电源的功率变换电路的结构形式可分为降压型、反相型、升压型和变压器型。

6.2 高频开关整流器主要技术

1. 功率转换电路

在高频开关整流器中,将大功率的高压直流(几百伏)转换成低压直流(几十伏),是由功率转换电路完成的。这是整流器最根本的任务,完成得是否好,主要有两点:一是功率转换过程中效率是否高,二是大功率电路其体积是否小。要使效率提高,我们容易想到利用变压器,功率转换电路就是一个高压直流→高压交流→降压变压器→低压交流→低压直流的过程;要使功率转换电路体积小,除了组成电路的元器件性能好,功耗小以外,减小变压器的体积是最主要的。变压器体积与工作频率成反比,提高变压器的工作频率就能有效地减小变压器体积。所以功率转换电路又可以描述成:高压直流→高压高频交流→高频降压变压器→低压高频交流→低压直流的过程。

2. 时间比例控制稳压原理

引入时间比例控制的感念的目的,是因为整流器的一个重要的性能是输出电压要稳定,也就是称为稳压整流器的原因,高频开关整流器的原理就是:时间比例控制。

(1)时间比例控制原理

开关以一定的时间间隔重复地接通和断开,输入电流断续地向负载提供能量。经过储能元件的平滑作用,使负载得到连续而稳定的能量。在负载端得到的平均电压用以下公式表示:

$$U_O = U_{AB} = \frac{1}{T}\int_O^T U_{AB} \mathrm{d}t = \frac{t_{on}}{T} \times E = \delta E$$

式中:t_{on}——开关工每作次接通的时间

T——开关通断开的周期

$\delta = \dfrac{t_{on}}{T}$——脉冲占空比

由公式可知,改变开关接通时间 t_{on} 和工作周期 T 的比例,即可改变输出直流电压 U_O。这种通过改变开关接通时间 t_{on} 和工作周期 T 的比例,亦即改变脉冲的占空比来调整输出电压的方法,称为"时间比例控制"(TimeRatioControl,TRC)

(2)TRC 控制方式

TRC 有三种实现方式,即脉冲宽度调制方式、脉冲频率调制方式和混合调制方式。

1)脉冲宽带调制(Pulse Width Modulation,PWM):PWM 方式指开关工作周期恒定,通过改变脉冲宽度来改变占空间的方式。

2）脉冲频率调制（Pulse Frequency Modulation，PFM）：PFM 是指导通脉冲宽度恒定，通过改变开关工作频率来改变占空比的方式。

3）混合调制：是指导通脉冲宽度和开关工作频率均不固定，彼此都能改变的方式，它是以上两种方式的混合。

3. 高频开关元器件

高频开关整流器中，功率转换电路是其主要组成部分，高频开关整流器的频率就是功率转换电路的工作频率，取决于开关管的工作频率。目前常用的高频功率开关器件有功率 MOS-FET 与 IGBT 管以及两者混合管、功率集成器件。功率 MOSFET 的工作频率通常为 30 kHz 到 100 kHz。绝缘门极晶体管 IGBT 的驱动由栅极电压来控制开通与关断。

4. 功率因数校正电路

在高频开关电源中，功率因数校正可采用无源功率因数校正和有源功率因数校正。

（1）无源功率因素校正的基本原理

采用无源功率因数校正法时，应在开关电源输入端加入电感量很大的低频电感，以便减小滤波电容充电电流的尖峰。这种校正方法比较简单，但是校正效果不很理想，通常经无源功率因数校正后，功率因数可达到 0.85。此外，采用无源校正法时，功率因数校正电感的体积很大，增加了开关电源的体积，因此，目前这种方法很少采用。

（2）有源功率因数校正的基本原理

有源功率因数校正电路主要由桥式整流器、高频电感 L、功率开关管 VT、二极管 VD、滤波电容 C 和控制器等部分组成。该电路实质上是一种升压变换器。

控制器主要由基准电源、低通滤波器、误差放大器、乘法器、电流检测与变换电路、信号综合电路、锯齿波发生器、比较器和功率开关管驱动电路等部分组成。功率因数校正电路的输出电压经低通滤波器滤波后，加入误差放大器，与基准电压比较，二者之差经放大后，送入乘法器。为了使功率因数校正电路的输入电流为正弦波并且与电网电压同相位，市电电压经全波整流后，也加到乘法器。乘法器将输入电压信号与输出误差信号相乘后，送入信号综合电路。电流取样电阻 R_s 两端电压正比于功率因数校正电路的输入电流。R_s 两端电压加到信号综合电路，与乘法器输出信号综合。信号综合电路输出的模拟信号与锯齿波发生器产生的锯齿波电压，经比较器 C 比较后，转换成脉宽调制（PWM）信号，该信号经驱动电路放大后，控制功率开关管 VT（MOSFET）导通或关断。MOSFET 导通后，高频电感 L 中的电流 iL（也即功率因数校正电路输入电流）线性上升。当 iL 的波形与整流后的市电电压波形相交时，通过控制器使 MOSFET 关断。

5. 负荷均分电路

一套开关电源系统至少需要两个开关电源模块并联工作，大的系统甚至多达数十个电源模块并联工作，这就要求并联工作的电源模块能够共同平均分担负载电流，即均分负载电流。均分负载电流的作用是使系统中的每个模块有效地输出功率，使系统中各模块处于最佳工作状态，以保证电源系统稳定、可靠、高效地工作。

负载均分性能一般以不平衡度指标来衡量，不平衡度越小，其均分性能越好，即各模块实际输出电流值距系统要求值的偏离点和离散性越小。

目前，较好的开关电源系统的负载均分不平衡度为 2%～±4%，如果在全负载变化范围内（一般≥20% 额定电流值）均满足这一要求尚属不易。大多数厂家生产的开关电源系统在全负载变化范围内负载不平衡度≤±5%，通常也能满足使用要求。

6.3 高频开关电源系统简述

高频开关电源系统的工作原理框图如图 6-2 所示。由图中可见，一个完整的组合通信电源系统包括五个基本组成部分，分别是交流配电单元、整流部分、直流配电单元、蓄电池组、监控系统，下面分别进行介绍。

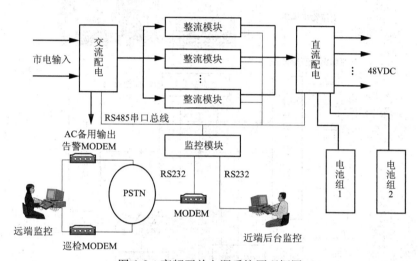

图 6-2 高频开关电源系统原理框图

（1）交流配电单元

交流配电单元将市电接入，经过切换送入系统，交流电经分配单元分配后，一部分提供给开关整流器，一部分作为备用输出，供用户使用。交流配电单元原理如图 6-3 所示。

系统可以由两路市电（或一路市电一路油机）供电，两路市电主备工作方式，平时由市电 1 供电，当市电 1 发生故障时，切换到市电 2（或者油机），在切换过程中，通信设备的供电由蓄电池来供给。两路市电输入要求有机械或者电器互锁，防止两路交流输入短接。两者的切换在小系统中一般用电气自动切换，大系统中一般用手动切换。

另外，在交流断电的情况下，交流配电单元提供一路直流应急照明输出。

系统的第二级防雷电路放在交流配电单元中。在交流配电单元中，交流防雷关系到整个电源系统的安全，因此系统的二级防雷器件选用带有遥信触点 TT 接法的防雷器，防雷器前还应加防雷空开。

交流配电单元内应有监控的取样、检测、显示、告警及通信的功能。

空气开关为交流配电单元的主要器件，应谨慎选用。

（2）整流部分

整流部分的功能是将由交流配电单元提供的交流电变换成一 48 V 直流电输出到直流配电单元。整流部分包括整流模块和结构部分（机架）。

高频开关整流器采用 MOSFET 和 IGBT 等新一代开关器件，工作频率大多高于 20 kHz，体积和重量大幅度下降，消除了噪声，在采用功率因数校正技术后，提高了功率因数，使之接近

1. 由于电力电子技术的长足发展,不断有新技术应用在高频开关整流器上。高频开关整流模块如图 6-4 所示。

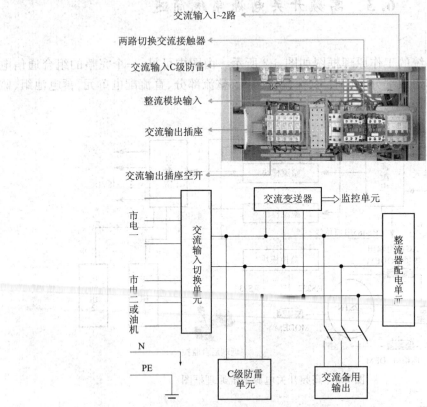

图 6-3　交流配电单元原理

图 6-4　高频开关整流模块

　　结构方面,整流机架一方面给整流模块一个安装结构上的支撑;另一方面,整流机架有汇流母排,将各个整流模块的直流输出汇接至直流配电单元。

　　整流模块其工作原理说明如下。

　　经交流配电(屏)来的单相 220 V(5 500/6 000 系列为三相 380 V)交流电源接入整流模块之后经过 AC 断路器、保险丝等保护组件,进入 EMI 滤波器,单相(三相)交流电源经桥式整流器整流为直流后,再经主动式功率因素校正线路(PFC Boost Converter),经 PFC 控制器完成高功率因素(PF>0.99)、低失真因素(THD<5%)之要求,产生一约 400 V(三相为 530 V)的直流电压供给直流对直流转换器使用。

　　接着由 400 V(三相为 530 V)直流电压经直流对直流转换器产生一稳定的输出电压,再回馈经直流控制器可得到稳定的直流输出,才输出到系统的并联铜排上;再经过直流(屏)配电后,输送到各个用电设备。另外,为了对整流模块与系统做最佳与适时的保护,还有保护回路,其包含输出过高/低压保护、输出过流保护、过温度保护、短路保护、风扇失效保护。

　　整流屏(如图 6-5 所示)是通信用高频开关电源系统的主设备,电源系统的整流屏可安装多台整流模块和 1 个监控模块,通过整流模块完成将输入的交流电转换成输出直流电的过程,通过监控模块,完成对整个电源系统的各项监测和控制功能。

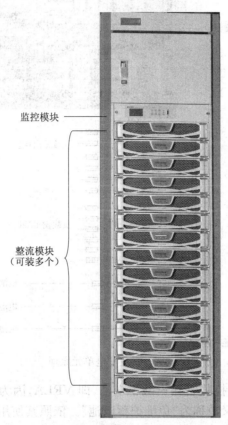

图 6-5　整流屏外观示意图

　　开关电源可以模块化设计,通常按 N+1 备份,组成的系统可靠性高。当系统的一台整流器出现故障时,其他整流器应该可以保证负载正常工作和电池充电的同时进行。

　　(3)直流配电单元

　　整流模块输出并联进入直流配电单元。直流配电单元可以提供 1～3 路蓄电池接入和多路直流负载输出,负载和蓄电池输出端均接有熔丝或空气开关,每组直流输出采用一个直流接触器控制,具有二次下电功能。后备电池组的输入与开关整流器输出汇流母排并联,以保证开关整流器无输出时,后备电池组能向负载供电。直流配电单元原理如图 6-6 所示。

　　直流配电单元的技术关键在于保证屏内压降的较小值,显示的准确和监控的可靠实现。内部的布局能根据用户的需求不同灵活改变,方便工程开局,上下出线均可。

　　(4)蓄电池组

　　通信电源系统中采用整流器和蓄电池组并联冗余供电方式。蓄电池组既为备用电源,又可以吸收高频纹波电流。

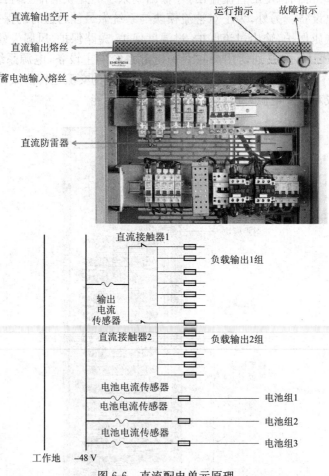

图 6-6　直流配电单元原理

目前常用的蓄电池为阀控式密封铅酸蓄电池,即 VRLA,因为较之传统的开口型电池密封性好、自放电小、寿命长,又被称为"免维护蓄电池"。依照其使用环境可分为移动型和固定型两种,又可依据电解质状态分为贫液式和胶体式两种类型。

蓄电池低电压隔离保护原理

低电压隔离开关(LDVS)的主要功能为市电停电,电池放电电压过低时提供自动将电池切离的保护,而于市电回复时可自动将电池接回充电。其规格如下:

输入电压:−48 V

切离及复合电压设定:依设定的跳脱或复原电压(48 V 系统第一级低压跳脱电压一般设为 44.5 V,复原电压设为 48 V);当输出达到相应的电压时,系统自动执行对电池低电压跳脱及复原的动作。

切离告警指示:当低电压隔离开关跳脱时,系统发出声音及告警指示。

(5)监控系统

监控系统以多级自下而上逐级汇接的方式构成的,每个监控级一般按辐射方式与若干下级监控级连接成一点对多点的监控系统,最低一级为设备监控单元(监控模块)与其监控的若干设备的连接。

图 6-7 监控模块

在一台组合电源系统中的设备监控单元,就是我们常说的监控模块。监控模块通过 RS485 总线对各个被监控部分(包括整流模块、交、直流配电部分、蓄电池,有些还包括一些环境量)进行控制,控制液晶的显示,接受键盘的操作,并与后台监控系统或远端监控中心进行通信,实现远程监控功能。有些开关整流器内部具有独立的监控单元,完成对整流器的参数检测与控制、液晶显示和与监控模块的信息传递等。监控模块如图 6-7 所示。

图 6-8 监控模块操作

6.4 高频开关电源技术参数

1. 高频开关电源系统的主要技术参数

额定直流输出电压、浮充电压、均充电压、功率因数、稳压精度、效率、杂音电压(不接蓄电池组)、电池温度补偿等。

(1)额定直流输出电压

额定直流输出压指市电经整流模块变换后的额定输出电压,其电压值为 -48 V,电压允许变动范围 $-40\sim-57$ V。这种"$-$"型基础电压是指电源正馈电线接地,作为参考电位零伏,负馈电线装接熔断器后,与机架电源连接。

(2)浮充电压

在市电正常时,蓄电池与整流器并联运行,蓄电池自放电引起的容量损失便在全浮充过程被补足。根据电池特性及温度所需补充损失电流的多少而设定的电压。

(3)均充电压

为使蓄电池快速补充容量,视需要升高浮充电压,使流入电池补充电流增加,这一过程整流器输出得电压为"均充"电压。

(4)功率因数

有功功率对视在功率的比叫作功率因数。由于开关电源电路的整流部分使电网的电流波形畸变,谐波含量增大,而使得功率因数降低(不采取任何措施,功率因数只有 0.6~0.7),污染了电网环境。开关电源要大量进入电网,就必须提高功率因数,减轻对电网的污染,以免破坏电网的供电质量。满载状态下,功率因数不低于 0.92。

(5)稳压精度

满载状态下,当输入电压由最大变到最小时,整流器输出电压调整范围不超过±1%。

(6)效率

开关电源模块的寿命是由模块内部工作温升所决定。温升高低主要是由模块的效率高低所决定。现在市场上大量使用的开关电源技术,主要采有的是脉宽调制技术(PWM)。模块的损耗主要由开关管的开通、关断及导通三种状态下的损耗,浪涌吸收电路损耗,整流二极管导通损耗,工和辅助电源功耗及磁心元件损耗等因素构成。减少这些损耗就会提高模块的整体效率。对此现象较好的处理方法分别是:开关管的开通、关断及导通状态的损耗采用 MOS-FET 和 IGBT 并联使用,利用两种不同举型的器件的开斗及导诵损耗的优热五补,其综合损耗是利用单一类型开关管工作损耗的 20% 左右;浪涌吸收电路可采用无损耗吸收电路,这一技术的使用使得该部分损耗大幅度下降;整流二极管采用导通电阻较小的器件,优化设计控制电路,选择集成度较高的 IC 器件都可减少功耗;磁心材料可选择如菲利浦的 3C90 等,均可减少损耗。高频电容器的选择严格控制峰值电流的大小,采用这些因素将会使整流模块的工作在相当宽的功率输出范围内保持较高的效率,如 VMA10、DMA12、DMA13 及 DMA14 的工作效率均为 91% 以上。需要说明的是主开关管的开通、关断及导通状态中的损耗所占比例是主要的。开关状态的损耗是 PWM 控制技术所固有的缺点。满载状态下,效率不低于 0.90。

(7)杂音电压(不接蓄电池组)

①衡重杂音:电话电路以 800 Hz 杂音电压为标准,其他频率杂音电压响度强弱用等效杂音系数表示,称为衡重杂音。

系统衡重杂音的测量点视情况选择在整流器输出端、蓄电池输出端及机房机架的输入端,各测量点数值不同。

②宽频杂音:它是指各次谐波均方根值,即周期连续频谱电压。

③峰值杂音:指叠加在直流输出上的交流分量峰值,即指晶闸管或高频开关电路导致的针状脉冲。

④离散杂音:指无线电干扰杂音或射频杂音,通常为 150 kHz~30 MHz 频率内的个别频率杂音。

⑤峰-峰值杂音:只由于电源干扰或本机故障所产生的杂音。

指标如下:

电话衡重杂音电压≤2 mV(300~3 400 Hz)。

宽频杂音电压≤100 mV(3.4~150 kHz)。宽频杂音电压≤30 mV(0.15~30 MHz)。

离散频率杂音电压≤5 mV(3.4~150 kHz)。离散频率杂音电压≤3 mV(150~200 kHz)。

离散频率杂音电压≤2 mV(200~500 kHz)。离散频率杂音电压≤1 mV(0.5~30 MHz)。

峰-峰杂音电压≤200 mV。

(8)电池温度补偿

适合阀控电池温度补偿要求的自动调节功能,即当环境温度每升高一度或降低一度直流输出电压应相应调整 3 mV/节或升高 3 mV/节。

2. 直流供电质量要求

(1)直流供电标准应符合下表要求

标准电压 /V	电信设备受电端子上电压变动范围/V	杂音电压/mV①			供电回路全程
		衡重杂音	峰-峰值	宽频杂音(有效值)	最大允许压降/V
−48 V	−40～−57	≤2	400 mV 0～300 kHz	≤100 mV 3.4～150 kHz ≤30 mV 150 kHz～30 MHz	3

注:①−48 V 电压的离散频率杂音电压允许值:(有效值)

　　3.4～150 kHz,≤5 mV 有效值　150～200 kHz,≤3 mV 有效值

　　200～500 kHz,≤2 mV 有效值　500 kHz～30 MHz,≤1 mV 有效值

(2)直流供电回路接头压降(直流配电屏以外的接头)

应符合下列要求,或温升不超过允许值。

①1 000 A 以下,每百安培≤5 mV。②1 000 A 以上,每百安培≤3 mV。

6.5　开关电源系统维护

1. 整流模块清洁与保养

(1)平常

直流供电系统平时可实现无人现场管理,但需要据一定的周期对机器进行现场维护和保养。

系统面板或外盖表面皆经特殊外观处理,故在清洁机身时,切勿使用有机性溶剂或挥发性溶剂(以免外观受损进而引起腐蚀)。平时只需以毛刷清除外壳和面板的灰尘,必要时可使用温和性清洁剂(如肥皂)或清水擦拭(不能用喷雾罐,或沾水太多,以致渗入内部造成电气短路)。

(2)定期巡检(每月)

①检查设备面板各参数指示值及指示灯是否正确(应用数字电压表测量实际电压与面板指示值进行比较);检查各模块工作状态是否正常;检查各保险及熔丝接触和温度是否正常(最好能用适当温度计量取)。

②检查面板各参数设置值是否正确,发现有误时应查明原因并应及时处理更正。

2. 监控模块故障和修护

除了具有监控输出电压、电流以及各种告警功能外,监控模块也有电压控制作用,控制电池充电电流、电池温度补偿、电池均流等。监控模块能够通过抑制整流模块的输出电压值使之低于最小的电池电压,从而控制电流使电池电压达到最低。

由于监控模块的故障会导致整流模块对电压进行抑制,所以要避免上述电池放电情况的发生,应按下列建议进行操作。

- 断开连接整流模块到监控模块的电缆,这样就不会有电压控制信号,避免电池放电,或从系统上拔出监控模块也能起到相同效果。如果监控模块没有连接,整流模块将会恢复预设的浮充电压并被动的均分负载。

因用户接口板(MUIB)上除了告警断路器和一些保险丝外没有其他电子元器件,所以要检查 CSU 系统出现的问题,需先检查线路上的故障。

监控模块具有"热交换"功能,如果监控模块出现故障,只需拔出故障模块,插入新的即可。新插入的模块会自动读取系统参数,利用监控软件在监控模块面板菜单上检查系统参数。

复习思考题

1. 简述高频开关整流器的构成和作用。
2. 高频开关整流器关键技术有哪些?
3. 时间比例控制,具体含义是什么?
4. 简述高频开关电源系统组成和各部分的作用。
5. 开关电源系统日常维护注意事项有哪些?

第7章 蓄电池

7.1 蓄电池概述

7.1.1 蓄电池

把物质的化学能转变为电能的设备,称为化学电池,一般简称为电池。以酸性水溶液为电解质称为酸蓄电池,以碱性水溶液为电解质者称为碱电池。因为酸蓄电池电极是以铅及其氧化物为材料,故又称为铅蓄电池。铅酸蓄电池自发明后,在化学电源中一直占有绝对优势。其价格低廉、原材料易于获得,使用上有充分的可靠性,适用于大电流放电及广泛的环境温度范围等优点。20 世纪 90 年代后电信部门大量使用了阀控式铅蓄电池作为后备电源,阀控式铅蓄电池在电源产品中占有重要地位。

7.1.2 阀控式铅酸蓄电池的定义和作用

阀控式铅酸蓄电池的英文名称为 Valve Regulated Lead Battery(简称 VRLA 电池),其基本特点是使用期间不用加酸加水维护,电池为密封结构,不会漏酸,也不会排酸雾,电池盖子上设有单向排气阀(也叫安全阀),该阀的作用是当电池内部气体量超过一定值(通常用气压值表示),即当电池内部气压升高到一定值时,排气阀自动打开,排出气体,然后自动关闭,防止水分蒸发。

阀控式铅酸蓄电池是通信电源系统中,交流不间断电源(UPS)系统和直流电源系统的重要组成部分。在市电正常时,虽然蓄电池不担负向通信设备供电的主要任务,但它与供电主要设备——整流器并联运行,能改善整流器的供电质量,起平滑滤波作用;当市电异常或在整流器不工作的情况下,则由蓄电池单独供电,担负起对全部负载供电的任务,起到备用作用。由于蓄电池是一种电压稳定、安全方便、不受市电突然中断影响、安全可靠的直流电源,因此,一直在通信系统得到了十分广泛的应用。

(1)荷电待用

蓄电池在通信电源中主要用于 UPS 系统与直流供电系统,是其不可缺少的重要组成部分。蓄电池在通信电源系统中的作用主要作为储能设备,当外部交流供电突然中断时,蓄电池作为系统供电的后备保护,将担负起对全部负载供电的任务,从而保证了通信设备的正常工作。在 UPS 系统中,蓄电池一般可提供 $0.5\sim1$ h 的不间断供电,以维持正常的通信;在直流供电系统中,蓄电池可提供 $1\sim20$ h 或更长时间的不间断供电。因此,蓄电池作为通信电源系统供电的最后一道保证,亦是维持正常通信的最后一道屏障。

（2）平滑滤波

在直流供电系统中，整流器的输出电压仍存在着纹波及多种谐波电压，由于蓄电池对低频谐波电流呈现极小内阻，仅为数十毫欧，而与之关联的负载内阻远大于电池内阻。所以蓄电池对整流器输出纹波电压具有旁路功能，即平滑滤波作用，能改善整流器的供电质量。

（3）调节系统电压

目前，大多数通信设备工作电压范围较宽，无须采用调压装置。20 世纪 80 年代以前，在通信直流供电系统中采用电池组加尾电池的方式，起到交流电源中断后的直流电压调整作用，以保证在交流电源中断后，解决少数通信设备最低允许直流供电电压偏高的问题。

（4）在动力设备中作启动电源

中小型发电机组均采用蓄电池作启动电源。

7.1.3　通信电源系统对蓄电池的要求

铅酸蓄电池是保障通信设备不间断供电的核心设备，通信设备对供电质量的要求决定了其对蓄电池的要求。

（1）使用寿命长

从投资经济性考虑，铅酸蓄电池的使用寿命必须与通信设备的更新周期相匹配，即 10 年左右。

（2）安全性高

铅酸蓄电池电解质为硫酸溶液，具有强腐蚀性。另外，对于密封电池，电池的电化学过程会产生气体，增加电池内部压力，压力超过一定限度时会造成电池爆裂，释放出有毒、腐蚀性气体和液体，因此电池必须具备特殊的安全防爆性能。

（3）其他要求

铅酸蓄电池还必须具备安装方便、免维护、低内阻等特性。

7.2　阀控铅酸蓄电池结构

阀控铅蓄电池的基本结构如图 7-1 所示。它由正负极板、隔板、电解液、安全阀、气塞、外壳等部分组成。正负极板均采用涂浆式极板，活性材料涂在特制的铅钙合金骨架上。这种极板具有很强的耐酸性、很好的导电性和较长的寿命，自放电速率也较小。隔板彩超细玻璃纤维制成，全部电解液注入极板和隔板中，电池内没有流动的电解液，即使外壳破裂，电池也能正常工作。电池顶部装有安全阀，当电池内部气压达到一定数值时，安全阀自动开启，排出气体。电池内气压低于一定数值时，安全阀自动关闭，顶盖上还备有内装陶瓷过滤器的气塞，它可以防止酸雾从蓄电池中逸出。正负极接线端子用铅合金制成，采用全密封结构，并且用沥青封口。

在阀控铅蓄电池中，电解液全部吸附在隔板和极板中，负极活性物质（海绵状铅）在潮湿条件下活性很多，能与氧气快速反应。充电过程中，正极板产生的氧气通过隔板扩散到负极板，与负极活性物质快速反应，化合成水。因此，在整个使用过程中，不需要加水补酸。

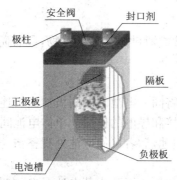

图 7-1 阀控铅蓄电池的结构

1. 极板

极板又称电极,有正、负极板之分,它们是由活性物质和板栅两部分构成的。正、负极的活性物质分别是棕褐色的二氧化铅(PbO_2)和灰色的海绵状铅(Pb)。极板在电池中的作用有两个:生电化学反应;实现化学能与电能之间的转换。

板栅在极板中的作用也有两个:做活性物质的载体,因为活性物质呈粉末状,必须有板栅作载体才能成形;实现极板传导电流的作用,即依靠其栅格将电极上产生的电流传送到外电路,或将外加电源传入的电流传递给极板上的活性物质。

为了有效地保持住活性物质,常常将板栅造成具有截面积大小不同的横、竖筋条的栅栏状,使活性物质固定在栅栏中,并具有较大的接触面积。将若干片正或负极板在极耳部焊接成正或负极板组,以增大蓄电池的容量,极板片数越多,蓄电池的容量越大。通常负极板组的极板片数比正极板组的要多一片,组装时,正负极板交错排列,使每片正极板都夹在两片负极板之间,目的是使正极板两面都均匀地起电化学反应,产生相同的膨胀和收缩,减少极板弯曲的机会,以延长电池的寿命。

2. 电解液

铅酸蓄电池的电解液是用纯度在化学纯以上的浓硫酸和纯水配置而成的稀硫酸溶液。电解液除了与极板上的活性物质起电化学反应外,还能起离子导电作用,其浓度用 15℃时的密度来表示。

3. 隔板

隔板也称为隔膜,其作用是防止正、负极因直接接触而短路,同时要允许电解液中的离子顺利通过,组装时将隔板置于正负极板之间。

4. 电池槽及盖

电池槽的作用是用来盛装电解液、极板、隔板和附件等。电池盖上有正负极柱、排气装置、注液孔等。如普通型启动用铅酸蓄电池的排气装置就设置在注液孔盖上;防酸隔爆式铅酸蓄电池的排气装置为防酸隔爆帽;阀控式铅酸蓄电池的排气装置是一单向排气阀。

5. 安全阀

安全阀是阀控式铅酸蓄电池的一个关键部件,安全阀质量的好坏直接影响电池使用寿命、均匀性和安全性。安全阀的作用是:当电池中积聚的气体压力达到安全阀的开启压力时,阀门打开排出多余气体,降低电池内压。单向排气,即不允许空气中的气体进入电池内部,以免引起电池的自放电。

6. 附件

(1)支撑物

普通铅酸蓄电池内的铅弹簧或塑料弹簧等支撑物,起着防止极板在使用过程中发生弯曲变形的作用。

(2)连接物

连接物又称连接条,是用来将同一电池内的同极性极板连接成极板组,或者将同型号电池连接成电池组的金属铅条,起连接和导电的作用。单体电池间的连接条可以在电池盖上面,也可以采用穿壁内连接方式连接电池,后者可使电池外观整洁、美观。

(3)绝缘物

在安装固定用铅酸蓄电池组时,为了防止蓄电池漏电,在蓄电池和电池架之间以及电池架和地面之间要放置绝缘物,一般为玻璃或瓷质(表面上釉)的绝缘垫脚。为使电池平稳,还需加软橡胶垫圈。这些绝缘物应经常清洗,保持清洁,以免引起漏电。

7.3 阀控铅酸蓄电池的基本原理

7.3.1 化学反应原理

阀控铅酸蓄电池的化学反应原理就是充电时将电能转化为化学能在电池内储存起来,放电时将化学能转化为电能供给外系统。其充电和放电过程是通过化学反应完成的,化学反应式如下:

正极:

$$PbSO_4 + 2H_2O \underset{放电}{\overset{充电}{\rightleftharpoons}} PbO_2 + H_2SO_4 + 2H^+ + 2e^-$$

副反应

$$H_2O \overset{充电}{\longrightarrow} 1/2O_2 + 2H^+ + 2e^-$$

负极:

$$PbSO_4 + 2H^+ + 2e^- \underset{放电}{\overset{充电}{\rightleftharpoons}} Pb + H_2SO_4$$

副反应

$$2H^+ + 2e^- \overset{充电}{\longrightarrow} H_2$$

铅酸蓄电池在放电时,正负极的活性物质均变成硫酸铅($PbSO_4$),充电后又恢复到原来的状态,即正极转变成二氧化铅(PbO_2),负极转变成海绵状铅(Pb)。在铅酸蓄电池内部,正极和负极通过电解液构成电池的内部电路,在电池外部接通两极的导线和负荷构成电池的外部电路,如图7-2所示。

在电极和电解液的接触面有电极电位产生,不同的两极活性物质产生不同的电极电位,有着较高电位的电极叫作正极,有着较低电位的电极叫作负极,这样正负极之间产生了电位差。当外电路接通时,就有电流从正极经外电路流向负极,再由负极经内电路流向正极,电池向外电路输送电流的过程,叫作电池的放电。

在放电过程中,两极活性物质逐渐被消耗,负极活性物质放出电子而被氧化,正极活性物质吸收从外电路流回的电子而被还原,这样负极电位逐渐升高,正极电位逐渐降低,两极间的

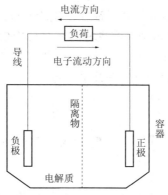

图 7-2　蓄电池化学反应原理

电位差也就逐渐降低,而且由于电化学反应形成新的化合物增加了电池的内阻,使电池输出电流逐渐减少,直至不能满足使用要求时,或在外电路两电极之间低于一定限度时,电池放电即告终。

蓄电池放电以后,用外来直流电源以适当的反向电流注入,可以使已形成的新化合物还原成原来的活性物质,而电池又能放电,这种反向电流使活性物质还原的过程叫作充电。

7.3.2　氧循环原理

阀控式铅酸蓄电池采用负极活性物质过量设计,AGM 或 GEL 电解液吸附系统,正极在充电后期产生的氧气通过 AGM 或 GEL 空隙扩散到负极,与负极海绵状铅发生反应变成水,使负极处于去极化状态或充电不足状态,达不到析氢过电位,所以负极不会由于充电而析出氢气,电池失水量很小,故使用期间不需加酸加水维护。

阀控式铅酸蓄电池氧循环图示如下:

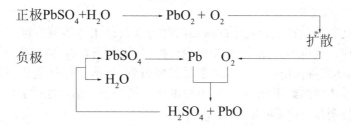

可以看出,在阀控式铅酸蓄电池中,负极起着双重作用,即在充电末期或过充电时,一方面极板中的海绵状铅与正极产生的 O_2 反应而被氧化成一氧化铅;另一方面是极板中的硫酸铅又要接受外电路传输来的电子进行还原反应,由硫酸铅反应成海绵状铅。

在电池内部,若要使氧的复合反应能够进行,必须使氧从正极扩散到负极。氧的移动过程越容易,氧循环就越容易建立。

在阀控式蓄电池内部,氧以两种方式传输:一是溶解在电解液中的方式,即通过在液相中的扩散,到达负极表面;二是以气相的形式扩散到负极表面。传统富液式电池中,氧的传输只能依赖于氧在正极区 H_2SO_4 溶液中溶解,然后依靠在液相中扩散到负极。

如果氧呈气相在电极间直接通过开放的通道移动,那么氧的迁移速率就比单靠液相中扩散大得多。充电末期正极析出氧气,在正极附近有轻微的过压,而负极化合了氧,产生一轻微的真空,于是正、负间的压差将推动气相氧经过电极间的气体通道向负极移动。阀控式铅蓄电池的设计提供了这种通道,从而使阀控式电池在浮充所要求的电压范围下工作,而不损失水。

对于氧循环反应效率,AGM 电池具有良好的密封反应效率,在贫液状态下氧复合效率可达 99%以上;胶体电池氧再复合效率相对小些,在干裂状态下,可达 70%~90%;富液式电池几乎不建立氧再化合反应,其密封反应效率几乎为零。

7.4 充放电特性

铅酸蓄电池以一定的电流充、放电时,其端电压的变化如图 7-3 所示。

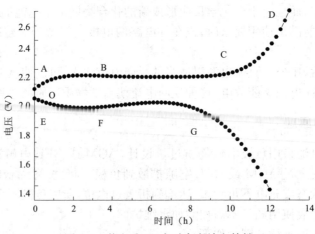

图 7-3 蓄电池 10 小时率充放电特性

1. 放电中电压的变化

电池在放电之前活性物质微孔中的硫酸浓度与极板外主体溶液浓度相同,电池的开路电压与此浓度相对应。放电一开始,活性物质表面处(包括孔内表面)的硫酸被消耗,酸浓度立即下降,而硫酸由主体溶液向电极表面的扩散是缓慢过程,不能立即补偿所消耗的硫酸,故活性物质表面处的硫酸浓度继续下降,而决定电极电势数值的正是活性物质表面处的硫酸浓度,结果导致电池端电压明显下降,见曲线 OE 段。

随着活性物质表面处硫酸浓度的继续下降,与主体溶液之间的浓度差加大,促进了硫酸向电极表面的扩散过程,于是活性物质表面和微孔内的硫酸得到补充。在一定的电流放电时,在某一段时间内,单位时间消耗的硫酸量大部分可由扩散的硫酸予以补充,所以活性物质表面处的硫酸浓度变化缓慢,电池端电压比较稳定。但是由于硫酸被消耗,整体的硫酸浓度下降,又由于放电过程中活性物质的消耗,其作用面积不断减少,真实电流密度不断增加,过电位也不断加大,故放电电压随着时间还是缓慢地下降,见曲线 EFG 段。

随着放电继续进行,正、负极活性物质逐渐转变为硫酸铅,并向活性物质深处扩展。硫酸铅的生成使活化物质的孔隙率降低,加剧了硫酸向微孔内部扩散的困难,硫酸铅的导电性不良,电池内阻增加,这些原因最后导致在放电曲线的 G 点(1.85 V 左右)后,电池端电压急剧下降,达到所规定的放电终止电压。

2. 充电中的电压变化

在充电开始时,由于硫酸铅转化为二氧化铅和铅,有硫酸生成,因而活性物质表面硫酸浓度迅速增大,电池端电压沿着 OA 急剧上升。当达到 A 点后,由于扩散、活性物质表面及微孔内的硫酸浓度不再急剧上升,端电压的上升就较为缓慢(ABC)。这样活性物质逐渐从硫酸铅转化为二氧化铅和铅,活性物质的孔隙也逐渐扩大,孔隙率增加。随着充电的进行,逐渐接近电化学反应的终点,即充电曲线的 C 点(2.35 V 左右)。到达 C 点以后,继续充电将产生大量气体。当极板上所存硫酸铅不多,通过硫酸铅的溶解提供电化学氧化和还原所需的 Pb^{2+} 极度缺乏时,反应的难度增加,当这种难度相当于水分解的难度时,即在充入电量 70% 时开始析氧,即副反应 $2H_2O \rightarrow O_2 + 4H^+ + 4e^-$,充电曲线上端电压明显增加。当充入电量达 90% 以后,负极上的副反应,即析氢过程发生,这时电池的端电压达到 D 点,两极上大量析出气体,进行水的电解过程,端电压又达到一个新的稳定值,其数值取决于氢和氧的过电位,正常情况下该恒定值约为 2.6 V。

7.5　阀控铅酸蓄电池主要性能参数

铅酸蓄电池的电性能用下列参数量度:电池电动势、开路电压、终止电压、工作电压、放电电流、容量、电池内阻、储存性能、使用寿命(浮充寿命、充放电循环寿命)等。

1. 电池电动势、开路电压、工作电压

当蓄电池用导体在外部接通时,正极和负极的电化反应自发地进行,倘若电池中电能与化学能转换达到平衡时,正极的平衡电极电势与负极平衡电极电势的差值,便是电池电动势,它在数值上等于达到稳定值时的开路电压。电动势与单位电量的乘积,表示单位电量所能做的最大电功。

电池在开路状态下的端电压称为开路电压。电池的开路电压等于电池正极电极电势与负极电极电势之差。

电池工作电压是指电池有电流通过(闭路)的端电压。在电池放电初始的工作电压称为初始电压。电池在接通负载后,由于欧姆电阻和极化过电位的存在,电池的工作电压低于开路电压。

2. 容量

电池容量是指电池储存电量的数量,以符号 C 表示。常用的单位为安培小时,简称安时(Ah)或毫安时(mAh)。

电池的容量可以分为额定容量(标称容量)、实际容量。

(1)额定容量

额定容量是电池规定在 25℃ 环境温度下,以 10 小时率电流放电,应该放出最低限度的电量(Ah)。

a、放电率。放电率是针对蓄电池放电电流大小,分为时间率和电流率。

放电时间率指在一定放电条件下,放电至放电终了电压的时间长短。依据 IEC 标准,放电时间率有 20,10,5,3,1,0.5 小时率及分钟率,分别表示为:20Hr,10Hr,5Hr,3Hr,2Hr,1Hr,0.5Hr 等。

b、放电终止电压。铅蓄电池以一定的放电率在 25℃ 环境温度下放电至能再反复充电使用的最低电压称为放电终了电压。大多数固定型电池规定以 10Hr 放电时(25℃)终止电压为 1.8 V/只。终止电压值视放电速率和需要而定。通常,为使电池安全运行,小于 10Hr 的小电流放电,终止电压取值稍高,大于 10Hr 的大电流放电,终止电压取值稍低。在通信电源系统中,蓄电池放电的终止电压,由通信设备对基础电压要求而定。

放电电流率是为了比较标称容量不同的蓄电池放电电流大小而设立的,通常以 10 小时率电流为标准,用 I_{10} 表示,3 小时率及 1 小时率放电电流则分别以 I_3、I_1 表示。

c、额定容量。固定铅酸蓄电池规定在 25℃ 环境下,以 10 小时率电流放电至终了电压所能达到的额定容量。10 小时率额定容量用 C_{10} 表示。10 小时率的电流值为

$$I_{10} = \frac{C_{10}}{10} = 0.1C_{10}$$

其他小时率下容量表示方法为:

3 小时率容量(Ah)用 C_3 表示,在 25℃ 环境温度下实测容量(Ah)是放电电流与放电时间(h)的乘积,阀控铅酸固定型电池 C_3 和 I_3 值应该为

$$C_3 = 0.75C_{10}(\text{Ah})$$
$$I_3 = 2.5I_{10}(\text{h})$$

1 小时率容量(Ah)用 C_1 表示,实测 C_1 和 I_1 值应为

$$C_1 = 0.55C_{10}(\text{Ah})$$
$$I_1 = 5.5\ I_{10}(\text{h})$$

(2)实际容量

实际容量是指电池在一定条件下所能输出的电量。它等于放电电流与放电时间的乘积,单位为 Ah。

3. 内阻

电池内阻包括欧姆内阻和极化内阻。内阻的存在,使电池放电时的端电压低于电池电动势和开路电压,充电时端电压高于电动势和开路电压。电池的内阻不是常数,在充放电过程中随时间不断变化,欧姆电阻遵守欧姆定律;极化电阻随电流密度增加而增大,但不是线性关系,常随电流密度的对数增大而线性增大。

4. 循环寿命

蓄电池经历一次充电和放电,称为一次循环(一个周期)。在一定放电条件下,电池工作至某一容量规定值之前,电池所能承受的循环次数,称为循环寿命。

各种蓄电池使用循环次数都有差异,传统固定型铅酸电池约为 500～600 次,启动型铅酸电池约为 300～500 次。阀控式密封铅酸电池循环寿命为 1 000～1 200 次。影响循环寿命的因素一是厂家产品的性能,因素二是维护工作的质量。固定型铅电池可以用寿命衡量,还可以用浮充寿命(年)来衡量,阀控式密封铅酸电池浮充寿命在 10 年以上。

对于启动型铅酸蓄电池,按我国机电部颁标准,采用过充电耐久能力及循环耐久能力单元数来表示寿命,而不采用循环次数表示寿命。即过充电单元数应在 4 以上,循环耐久能力单元数应在 3 以上。

5. 能量

电池的能量是指在一定放电制度下,蓄电池所能给出的电能,通常用瓦时(Wh)表示。

电池的能量分为理论能量和实际能量。理论能量 $W_{理}$ 可用理论容量和电动势(E)的乘积

表示,即

$$W_理 = C_理 E$$

电池的实际能量为一定放电条件下的实际容量 $C_实$ 与平均工作电压 $U_平$ 的乘积,即

$$W_实 = C_实 U_平$$

6. 储存性能

蓄电池在储存期间,由于电池内存在杂质,如正电性的金属离子,这些杂质可与负极活性物质组成微电池,发生负极金属溶解和氢气的析出。又如溶液中及从正极板栅溶解的杂质,若其标准电极电位介于正极和负极标准电极电位之间,则会被正极氧化,又会被负极还原。所以有害杂质的存在,使正极和负极活性物质逐渐被消耗,而造成电池丧失容量,这种现象称为自放电。

7.6 影响阀控铅酸蓄电池容量的因素

1. 放电率对电池容量的影响

铅蓄电池容量随放电倍率增大而降低,在谈到容量时,必须指明放电的时率或倍率。电池容量随放电时率或倍率不同而不同。

(1)容量与放电时率的关系

对于一给定电池,在不同时率下放电,将有不同的容量,下表为华达 GFM1000 电池在常温下不同放电时率放电时的额定容量。

放电率/Hr	1	2	3	4	5	8	10	12	24
容量/Ah	550	656	750	788	850	952	1 000	1 044	1 128

(2)高倍率放电时容量下降的原因

放电倍率越高,放电电流密度越大,电流在电极上分布越不均匀,电流优先分布在离主体电解液最近的表面上,从而在电极的最外表面优先生成 $PbSO_4$。$PbSO_4$ 的体积比 PbO_2 和 Pb 大,于是放电产物硫酸铅堵塞多孔电极的孔口,电解液则不能充分供应电极内部反应的需要,电极内部物质不能得到充分利用,因而高倍率放电时容量降低。

(3)放电电流与电极作用深度关系

在大电流放电时,活性物质沿厚度方向的作用深度有限,电流越大其作用深度越小,活性物质被利用的程度越低,电池给出的容量也就越小。电极在低电流密度下放电,$i \leqslant 100 \ A/m^2$ 时,活性物质的作用深度为 $3 \times 10^{-3} \ m \sim 5 \times 10^{-3} \ m$,这时多孔电极内部表面可充分利用。而当电极在高电流密度下放电,$i \geqslant 200 \ A/m^2$ 时,活性物质的作用深度急剧下降,约为 $0.12 \times 10^{-3} \ m$,活性物质深处很少利用,这时扩散已成为限制容量的决定因素。

在大电流放电时,由于极化和内阻的存在,电池的端电压低,电压降损失增加,使电池端电压下降快,也影响容量。

2. 温度对电池容量的影响

环境温度对电池的容量影响较大,随着环境温度的降低,容量减小。环境温度变化 1℃ 时的电池容量变化称为容量的温度系数。

根据国家标准,如环境温度不是 25℃,则需将实测容量按以下公式换算成 25℃基准温度时的实际容量 C_e,其值应符合标准。

$$C_e = \frac{C_t}{1 + K(t - 25℃)}$$

公式中:t 是放电时的环境温度

K 是温度系数,10 hr 的容量实验时 $K = 0.006/℃$,3 hr 的容量实验时 $K = 0.008/℃$,1 hr 的容量实验时 $K = 0.01/℃$

3. 阀控铅酸蓄电池容量的计算

阀控铅酸蓄电池的实际容量与放电制度(放电率、温度、终止电压)和电池的结构有关。如果电池是以恒定电流放电,放电至规定的终止电压,电池的实际容量 $C_t = $ 放电电流 $I \times$ 放电时间 t,单位是 Ah。

7.7 阀控铅酸蓄电池的失效模式

1. 干涸失效模式

从阀控铅酸蓄电池中排出氢气、氧气、水蒸气、酸雾,都是电池失水的方式和干涸的原因。干涸造成电池失效这一因素是阀控铅酸蓄电池所特有的。失水的原因有四:①气体再化合的效率低;②从电池壳体中渗出水;③板栅腐蚀消耗水;④自放电损失水。

2. 容量过早损失的失效模式

在阀控铅酸蓄电池中使用了低锑或无锑的板栅合金,早期容量损失常容易在如下条件发生:
①不适宜的循环条件,诸如连续高速率放电、深放电、充电开始时低的电流密度;
②缺乏特殊添加剂如 Sb、Sn、H_3PO_4;
③低速率放电时高的活性物质利用率、电解液高度过剩、极板过薄等;
④活性物质视密度过低,装配压力过低等。

3. 热失控的失效模式

大多数电池体系都存在发热问题,在阀控铅酸蓄电池中可能性更大,这是由于:氧再化合过程使电池内产生更多的热量;排出的气体量小,减少了热的消散。

若阀控铅酸蓄电池工作环境温度过高,或充电设备电压失控,则电池充电量会增加过快,电池内部温度随之增加,电池散热不佳,从而产生过热,电池内阻下降,充电电流又进一步升高,内阻进一步降低。如此反复形成恶性循环,直到热失控使电池壳体严重变形、胀裂。为杜绝热失控的发生,要采用相应的措施:
①充电设备应有温度补偿功能或限流;
②严格控制安全阀质量,以使电池内部气体正常排出;
③蓄电池要设置在通风良好的位置,并控制电池温度。

4. 负极不可逆硫酸盐化

在正常条件下,铅蓄电池在放电时形成硫酸铅结晶,在充电时能较容易地还原为铅。如果电池的使用和维护不当,例如经常处于充电不足或过放电,负极就会逐渐形成一种粗大坚硬的硫酸铅,它几乎不溶解,用常规方法充电很难使它转化为活性物质,从而减少了电池容量,甚至成为蓄电池寿命终止的原因,这种现象称为极板的不可逆硫酸盐化。

为了防止负极发生不可逆硫酸盐化,必须对蓄电池及时充电,不可过放电。

5. 板栅腐蚀与伸长

在铅酸蓄电池中,正极板栅比负极板栅厚,原因之一是在充电时,特别是在过充电时,正极板栅要遭到腐蚀,逐渐被氧化成二氧化铅而失去板栅的作用,为补偿其腐蚀量必须加粗加厚正极板栅。

所以在实际运行过程中,一定要根据环境温度选择合适的浮充电压,浮充电压过高,除引起水损失加速外,也引起正极板栅腐蚀加速。当合金板栅发生腐蚀时,产生应力,致使极板变形、伸长,从而使极板边缘间或极板与汇流排顶部短路;而且阀控铅酸蓄电池的寿命取决于正极板寿命,其设计寿命是按正极板栅合金的腐蚀速率进行计算的,正极板栅被腐蚀得越多,电池的剩余容量就越少,电池寿命就越短。

7.8 阀控铅酸蓄电池的使用和维护

7.8.1 阀控铅酸蓄电池的使用

1. 容量选择

阀控铅酸蓄电池的额定容量是 10 小时率放电容量。电池放电电流过大,则达不到额定容量。因此,应根据设备负载,电压大小等因素来选择合适容量电池。蓄电池总容量应按YD 5040—1997《通信电源设备安装设计规范》中的规定配置,计算如下:

$$Q \geqslant \frac{KIT}{\eta[1+\alpha(t-25)]}$$

式中:Q——蓄电池容量(Ah);

K——安全系数,取 1.25;

I——负荷电流(A);

T——放电小时数(h);

η——放电容量系数;

t——实际电池所在地最低环境温度数值。所在地有采暖设备时,按 15℃考虑,无采暖设备时,按 5℃考虑;

α——电池温度系数(1/℃),当放电小时率≥10 时,取 $\alpha=0.006$;当 10>放电小时率≥1时,取 $\alpha=0.008$;当放电小时率<1 时,取 $\alpha=0.01$。

2. 充电机的选择

由于浮充使用和无人值守,要求使用阀控铅酸蓄电池的充电机具有如下功能:

①自动稳压;②自动稳流;③恒压限流;④高温报警;⑤波纹系数不大于 5‰;⑥故障报警;⑦浮充/均充自动转换;⑧温度补偿。

3. 阀控铅酸蓄电池的安装

(1)安装方式

阀控铅酸蓄电池有高形和矮形两种设计,高形设计的电池体积(高度)、重量大,浓差极化大,影响电池性能,最好卧式放置。矮形电池可立放,也可卧放工作。安装方式要根据工作场地与设施而定。

(2)连接方式及导线

阀控铅酸蓄电池实际应用中,大电流放电性能特别重要。除电池本身外,连接方式和连接导线的电压降是至关重要的。

①连接方式

考虑 1 000 Ah 以上大电池大部分均用 500～1 000 Ah 并联而成,连接线使用多,要贯彻"多串少并,先串后并"原则。

②连接导线

根据电缆长度、电缆单位面积载流量标准、直流供电回路的全程压降小于 3 V 的原则确定导线的截面积,由此选取对应的电力电缆。

③注意事项

a. 不能将容量、性能和新旧程度不同的电池连在一起使用。

b. 连接螺丝必须拧紧,脏污和松散的连接会引起电池打火爆炸,因此要仔细检查。

c. 安装末端连接线和导通电池系统前,应再次检查系统的总电压和极性连接,以保证正确接线。

d. 由于电池组电压较高,存在着电击的危险,因此装卸、连接时应使用绝缘工具与防护,防止短路。

e. 电池不要安装在密闭的设备和房间内,应有良好通风,最好安装空调。电池要远离热源和易产生火花的地方;要避免阳光直射。

4. 运行充电

(1)补充充电与容量试验

阀控铅酸蓄电池是荷电出厂,由于自放电等原因,投入运行前要作补充充电和一次容量试验。补充充电应按厂家使用说明书进行,各生产厂并不完全一致。

补充充电有两种方法。

①限流限压(恒流恒压)。即先限定电流,将充电电流限制在 $0.25C_{10}$ 以下(一般用 $0.1C_{10}$～$0.2C_{10}$)充电,待电池端电压上升到 2.35～2.40 V 时,立即以 2.35～2.40 V 电压改为限压连续充电,在充电电流降到 $0.006C_{10}$ 以下 3 小时不变,即认为充足电(充电完毕)。

②恒压限流充电。在 2.30～2.35 V 电压下充电,同时充电电流不超过 $0.25C_{10}$,直到充电电流降到 $0.006C_{10}$ 以下 3 小时不变,就认为电池充足。

补充充电后,进行一次 10h 率容量检查。

(2)浮充充电

①浮充工作

阀控铅酸蓄电池在现场的工作方式主要是浮充工作制,浮充工作制是在使用中将蓄电池组和整流器设备并接在负载回路作为支持负载工作的唯一后备电源。浮充工作的特点是,一般说电池组平时并不放电,负载的电流全部由整流器供给。当然实际运行中电池有局部放电以及负载的意外突然增大而放电。

②浮充充电作用

蓄电池组在浮充工作制中有两个主要作用:

a. 当市电中断或整流器发生故障时,蓄电池组即可担负起对负载单独供电任务,以确保

通信不中断;

b. 起平滑滤波作用。电池组与电容器一样,具有充放电作用,因而对交流成分有旁路作用。这样,送至负载的脉动成分进一步减少,从而保证了负载设备对电压的要求。

③浮充电压的原则

- 浮充电流足以补偿电池的自放电损失。
- 当蓄电池放电后,能依靠浮充电很快地补充损失的电量,以备下一次放电。
- 选择在该充电电压下,电池极板生成的 PbO_2 较为致密,以保护板栅不至于很快腐蚀。
- 尽量减少 O_2 与 H_2 析出,并减少负极盐化。
- 浮充电压的选择还要考虑其他的影响因素:(1)电解液浓度对浮充电压的影响;(2)板栅合金对浮充电压的影响。

根据浮充电压选择原则与各种因素对浮充电压的影响,国外一般选择稍高的浮充电压,范围可达 2.25~2.33 V,国内稍低,范围为 2.23~2.27 V。不同厂家对浮充电压的具体规定不一样。一般厂家选择浮充电压为 2.25 V/单体(环境温度为 25℃情况下),根据环境温度的变化,对浮充电压应做相应调整。

④浮充电压的温度补偿

浮充充电与环境温度有密切关系。通常浮充电压是指环境 25℃而言,所以当环境温度变化时,需按温度系数补偿,调整浮充电压。不同厂家电池的温度补偿系数不一样,在设置充电机电池参数时,应根据说明书上的规定设置温度补偿系数,如说明书没有写明,应向电池生产厂家咨询确定。如华达公司电池的温度补偿系数为 $-3mV/℃$。

(3)均充的作用及均充电压和频率

当电池浮充电压偏低或电池放电后需要再充电或电池组容量不足时,需要对电池组进行均衡充电,合适的均充电压和均充频率是保证电池长寿命的基础,对阀控铅酸蓄电池平时不建议均充,因为均充可能造成电池失水而早期失效,均充电压与环境温度有关。一般单体电池在 25℃环境温度下的均充电压为 2.35 V 或 2.30 V,如温度发生变化,需及时调整均充电压,均充电压温度补偿系数为 $-5 mV/℃$。

一般均充频率的设置,应为电池全浮充运行半年,按规定电压均充一次,时间为 12 小时或 24 小时。其他具体均充条件可参见蓄电池说明书。

如果是电池放电后的补充电,则需采用限流限压或恒压限流的补充充电方法。

5. 蓄电池运行环境的一般要求

阀控式铅酸蓄电池运行环境以下要求。

(1)安装阀控式铅酸蓄电池的机房,环境温度应保持在 10~30℃,相对湿度应保持在 20%~80%,专用蓄电池室应配有通风换气装置。

(2)避免阳光对蓄电池直射,朝阳窗户应做遮阳处理。

(3)确保电池组之间预留足够的维护空间。

(4)UPS 等使用的高电压电池组的维护通道应铺设绝缘胶垫。

(5)蓄电池组的抗震加固应满足有关要求。

6. 蓄电池使用的一般要求

(1)阀控式铅酸蓄电池和防酸式铅酸蓄电池禁止混合使用在一个供电系统中。

(2)直流供电系统的蓄电池一般设置两组。交流不间断电源设备(UPS)的蓄电池组每台一般设一组。当容量不足时可并联,蓄电池最多的并联组数不要超过 4 组。

(3)不同厂家、不同容量、不同型号、不同时期的蓄电池组严禁并联在同一直流供电系统中使用。

(4)新旧程度不同的电池不应在同一直流供电系统中混用。

(5)阀控式铅酸蓄电池和防酸式铅酸蓄电池不应安放在无通风换气的同一房间内。

(6)如具备动力及环境集中监控系统,应通过动力及环境集中监控系统对电池组的总电压、电流、标示电池的单体电压、温度进行监测,并定期对蓄电池组进行检测。通过电池监测装置了解电池充放电曲线及性能,发现故障及时处理。

7.8.2 阀控铅酸蓄电池的日常维护

1. 维护检查工作

阀控铅酸蓄电池并不是"免维护",电池的变化是一个渐进和积累的过程,经常保持蓄电池外表及工作环境的清洁、干燥状态;蓄电池的清扫应采取避免产生静电的措施;用湿布清扫蓄电池;禁止使用香蕉水、汽油、酒精等有机溶剂接触蓄电池。

为了保证电池使用良好,做好运行记录是相当重要的,要检测的项目如下:

(1)端电压;

(2)连接处有无松动、腐蚀现象;

(3)电池壳体有无渗漏和变形;

(4)极柱、安全阀周围是否有酸雾酸液逸出;

(5)定期对开关电源的电池管理参数进行检查,保证电池参数符合要求。

2. 补充电

阀控铅酸电池组遇有下列情况之一时应进行充电:

(1)浮充电压有两只以上低于 2.18 V/只。

(2)搁置不用时间超过三个月。

7.8.3 容量试验

1. 核对性试验

通信电源维护制度中,规定了由蓄电池组,向实际通信设备进行单独供电,以考查蓄电池是否满足忙时最大平均负荷的需要,这种放电制度,称为核对性放电。

具体做法是:选择在最大忙时负荷情况,人为使整流器下调浮充电压设置或停电,让蓄电池单独向通信设备供电,实际负荷需要的电量,全部由蓄电池组承担,放电至该条件下(温度、放电率)蓄电池的终了电压时核算其输出容量。由于核对性放电前并不能确切知道蓄电池的保证容量,所以通常情况下放电终了对保障通信安全风险太大,一般要求放出额定容量的30%～40%即停止放电。

核对性放电在市电较好的局(站)内,蓄电池组输出容量满足实际负荷 0.5～1 h 供电即可,因此电池是以高的放电速率进行放电。在市电不可靠的局(站)内,电池组容量都选择比较大,所以其放电都是以较小的速率进行的。要注意的是,电池组对小负荷的供电,其放电过程中极化作用很小,超电势变化缓慢,因此放电过程端压变化甚微,所以不能用放电终了端电压的变化表征电池容量,只能通过监测实际放电量了解一般情况。

需要特别指出的,核对性放电试验,除了检查蓄电池的容量是否满足忙时最大平均负荷的需要外,它还有检查直流放电回路是否正常的功能。如电池熔丝温升是否正常,连接条是否接触可靠,电池电流测量回路是否正常等。所以说,核对性放电试验是电池维护工作中最关键的一项内容,此项工作不做,蓄电池其他维护工作做得再好也失去意义。

2. 容量试验

蓄电池的容量试验有如下几种方式。

(1)降低浮充电压法

这种方法是指浮充整流器上有一"放电开关",当置于"放电开关"位置时,整流器的浮充电压自动从 54 V 降至 48 V,这时蓄电池的电压也立即从 54 V 降到 51.8 V(蓄电池的电动势约为 2.16 V/只)然后从 51.8 V 降至 48 V,这时可以从随机监视电压下降曲线上比较有无落后电池。

(2)在线放电法

这时只要调整浮冲电压设置或关闭所有的整流器,利用实际负载设备作负载,使电池马上从浮充状态转入放电状态,随后维护人员在旁观察,并记录某电池放电电压,电流(一般可以选择 1 小时或 2 小时放电时间),以放电总电压不低于 45.6 为准,随后通过各个电池随机监测电压的变化来判断有无落后电池,且可通过放电电流乘以放电时间,再乘以放电子数(可查况相关生产厂商提供的数据资料)来计算大约的放电容量,并以此推断某电池组的性能是否良好。

(3)假负载放电法

采用这种方法放电只能将在用的某电池组单独取出一组使其脱离浮充工作状态,并接上各种形式的负载电阻作为放电时的假负载,然后可选择 10 小时率的放电电流(或 3 小时 1 小时率的放电电流)放电,并记录电池电压、温度等,最后以 1.8 V(10 小时率)作为终了电压,随后通过计算可以算某电池组的实际容量容易是多少(1 小时率放电终止电压为 1.75 V/单体)。

3. 全在线蓄电池充放电维护系统

全在线蓄电池充放电安全节能维护系统是一种集在线充放电系统、在线单体充电系统、电池组单体检测系统(无线蓝牙技术)于一身的智能化系统。系统能够有效解决目前中心机房−48 V 蓄电池及 UPS 蓄电池的维护困难,提高维护效率,降低劳动强度保障网络安全运行。系统特点:

(1)在被测电池组正极无缝串联 FBI 设备后,被测电池组可完全在线对系统进行深度放电,然后被测电池组又被完全在线充电恢复。

(2)整个在线充放电过程中,并联的另一组电池始终处于满充备用状态。

(3)被测电池组充放电过程中,如果遇到市电中断现象,则系统上连接的所有电池组(包括被测电池组)可瞬间投入供电工作,最大限度地保护系统的安全。

(4)被测电池组的能量完全被工作利用,没有能量的浪费,也就没有任何发热情况出现。

(5)多重硬件和软件保护设计,即使设备发生故障,也不影响被测电池组的正常对外工作。

(6)设备操作高度智能化,完全可实现无人值守,现场所有的测试、记录、恢复以及断电应急处置工作全部由 FBI 设备自动处理。

(7)采用彩色液晶触摸屏,同一屏幕显示充放电测试的全部参数,可查看有单体电压的变化轨迹图。

(8)具有无线单体电压监测模块状态智能识别程序,模块脱落而非单体门限到达,不会造成意外停机。

(9)放电参数预设功能,可预先设置保存放电时直接调用,内置电池放电系数表,不同小时率自动计算放电电流。

7.8.4 蓄电池维护周期

(1)每个月检查项目

项 目	内 容	基 准	维 护
①蓄电池组浮充总电压	测量蓄电池组正负极端电压	单体电池浮充电压×电池个数	将偏离值调整到基准值
②蓄电池外观	检查电池壳、盖有无漏液、鼓胀及损伤	外观正常	外观异常先确认其原因,若影响正常使用则加以更换
	检查有无灰尘污渍	外观清洁	用湿布清扫灰尘污渍
	检查机柜、架子、连接线、端子等处有无生锈	无锈迹	出现锈迹则进行除锈、更换连接线、涂拭防锈剂等处理
③连接部位	检查螺栓螺母有无松动	连接牢固	拧紧松动的螺栓螺母
④直流供电切换	切断交流,切换为直流供电	交流供电顺利切换为直流供电	纠正可能偏差

(2)每季度检查项目

除了每个月检查维护项目外,增加以下一项内容。

项 目	内 容	基 准	维 护
每个蓄电池的浮充电压	测量蓄电池组每个电池的端电压	温度补偿后的浮充电压值±50 mV	超过基准值时,对蓄电池组放电后先均衡充电,再转浮充观察1~2个月,若仍偏离基准值,请与地区技术支援联系

(3)每年度检查项目

除了每季度检查维护项目外,增加以下一项内容。

项 目	内 容	基 准	维 护
①核对性放电试验	断开交流电带负载放电,放出蓄电池额定容量的30%~40%	放电结束时,蓄电池电压应大于1.95 V/单格	低于基准值时,对蓄电池组放电后先均衡充电,再转浮充观察1~2个月,若仍偏离基准值,请与地区技术支援联系

7.8.5 蓄电池的更换

更换判据:如果蓄电池电压在放出其额定容量80%(对照相应放电率的容量如 C_{10}、C_3 等参数)之前已低于 1.8 V/单格(1 小时率放电为 1.75 V/单格),则应考虑加以更换。

更换时间:蓄电池属于消耗品,有一定的寿命周期。综合考虑使用条件、环境温度等因素的影响,在到达蓄电池设计使用寿命之前,用新电池予以更换。充分保证电源系统安全、正常运行。

7.9　磷酸铁锂电池

在通信行业,磷酸铁锂电池正逐渐得到推广应用,使用于小型化、分散化、环境恶劣的场景,可作为铅酸电池的有效补充。目前已开发出磷酸铁锂电池产品,容量从 10 到 50 Ah,供电系统有 -48 V 直流供电系统和 UPS 交流供电系统,应用场景包括户外、楼道、弱电井等,供电设备包括末端传输设备、直放站设备、RRU 等。

1. 磷酸铁锂电池构造

正极:正极物质在磷酸铁锂离子蓄电池中以磷酸铁锂($LiFePO_4$)为主要原料。

负极:负极活性物质是由碳材料与黏合剂的混合物再加上有机溶剂调和制成糊状,并涂覆在铜基体上,呈薄层状分布。

隔膜板:称为隔板或称隔离膜片,其功能起到关闭或阻断通道的作用,一般使用聚乙烯或聚丙烯材料的微多孔膜。

PTC 元件:在磷酸铁锂电池盖帽内部,当内部温度上升到一定温度时或电流增大到一定控制值时,PTC 就起到了温度保险丝和过流保险的作用,会自动拉断或断开,从而形成内部断路。保证了电池的安全使用。

安全阀:为了确保磷酸铁锂电池的使用安全性,一般通过对外部电路的控制或者在磷酸铁锂电池内部设有异常电流切断的安全装置。安全阀实际上是一次性非修复式的破裂膜,一旦进入工作状态,保护蓄电池使其停止工作,因此是蓄电池的最后的保护手段。

2. 磷酸铁锂特性如下:

(1)超长寿命,磷酸铁锂动力电池,循环寿命达到 2 000 次以上。

(2)使用安全,磷酸铁锂即使在最恶劣的交通事故中也不会产生爆炸;

(3)可大电流充放电,磷酸铁锂电池可大电流快速充放电。

(4)耐高温,磷酸铁锂电热峰值可达 350～500℃

磷酸铁锂还具有高能量密度,无记忆效应、绿色环保,无污染等优点。

复习思考题

1. 蓄电池组在通信系统中有哪些作用?
2. 简述阀控铅酸蓄电池的结构和各部分的作用。
3. 影响阀控式铅酸蓄电池容量的因素有哪些?
4. 简述阀控铅酸蓄电池的基本原理。
5. 简述阀控铅酸蓄电池的失效模式。

第8章 直流配电系统

8.1 直流电源供电方式概述

直流电源供电方式主要分为集中供电方式和分散供电方式两种。集中供电方式正逐步被分散供电方式所取代。

8.1.1 集中供电方式

集中供电系统是将包括交流配电屏、整流器、直流配电屏和蓄电池组等电源设备集中安装在电力室和蓄电池室，如图 8-1 所示。

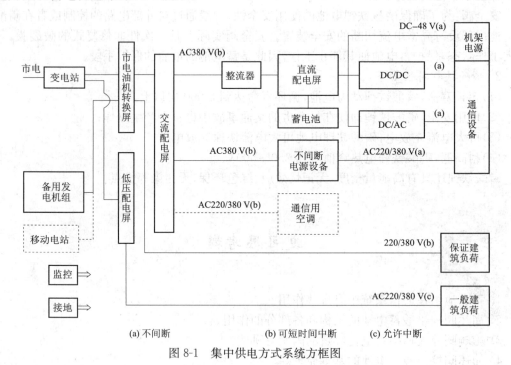

(a) 不间断　　　　　　　(b) 可短时间中断　　　　(c) 允许中断

图 8-1　集中供电方式系统方框图

集中供电方式电源设备集中在电力室，便于维护人员集中维护。

但是，随着现代通信网对通信电源供电系统的可靠性提出了更高的要求，集中供电方式已经不能适应通信网的要求，被分散供电方式取代。一般来说，集中供电方式存在以下缺点。

（1）供电系统可靠性差。在集中供电系统中，由于担负着全局通信设备的供电任务，如果其中的某部分设备出现故障,影响范围很大,甚至造成通信全阻。

(2)在集中供电系统中,电源设备到通信设备采用低压直流传输,距离较长,从而造成直流馈电线路压降过大、线路能耗加大等后果。另外,过长的馈电回路还会影响电源及电路的稳定性。

(3)由于各种通信设备对电压的允许范围不一致,而集中供电量由同一直流电源供电,严重影响了通信设备的使用性能。同时还会使系统的电磁兼容性(EMC)变差。

(4)集中供电系统需按终期容量进行设计。集中供电系统在扩容或更换设备时,往往由于设计时的容量跟不上通信发展的速度而需要改建机房,造成很大浪费。

(5)需要达到技术要求的专用电力室和电池室。集中供电系统需要符合技术规范的电力室和电池室,基建投资和满足相关技术规范的装备投资都很大。

(6)需要 24 小时专人值班维护,维护成本很高。

8.1.2　分散供电方式

分散供电系统是指直流电源设备独立于其他电源供电设备,即直流设备与通信负载一起分散。分散供电方式电源系统组成方框图如图 8-2 所示。

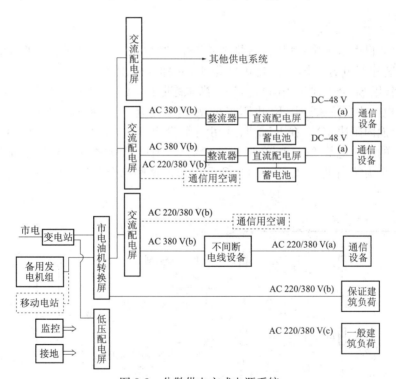

图 8-2　分散供电方式电源系统

分散供电系统中,同一通信局(站)原则上应设置一个总的交流供电系统,并由此分别向各直流供电系统提供低压交流。交流配电屏与高频开关整流器等配套而分散设置。分散供电方式实际上是指直流供电设备采用分散供电方式,而交流供电系统基本上仍然是集中供电。

分散供电的优点如下。

(1)供电可靠性高

由于采用多个直流配电系统,因而故障影响范围小,即全局通信瘫痪的概率相对减小。

（2）节能、降耗

分散供电，直流电源设备、蓄电池与通信设备距离较近，故直流馈电线压降极小。采用分散供电系统后，可以大大缩短蓄电池与通信设备之间的距离，大幅度减小直流供电系统的损耗。从电力室到各通信机房可采用交流市电供电，线路损耗很小，可以大大提高送电效益。

（3）运行维护费用低

由于电源设备不需要一开始按终期容量配置，机动灵活，有利于扩容，巡视工作量少，所以运行维护费用少。

总之，将大型通信枢纽或高层通信局（站）设备分为几部分，每一部分由容量适当的电源设备供电，不仅能充分发挥电源设备的性能，还能大大减小电源设备故障的影响。同时，能大量节约能源。因此，目前通信大楼都采用分散供电方式。

8.2　直流供电系统的配电方式

传统的直流供电系统中，利用汇流排把基础电源直接馈送到通信机房的直流电源架或通信设备机架，这种配电方式因汇流排电阻很小，故称为低阻配电方式。如图 8-3 所示，假设 RL_1 发生短路（用 S_1 合上代表短路）则当 F_1 尚未熔断前，AO 之间的电压将跌落到极低（约为 AB 间阻抗与电池内阻 Rr 之比，F_1 电阻很小，故电压接近于 0），而且短路电流很大（基本上由电池电压及电池内阻决定）。在 F_1 熔断时，由于短路电流大，使 di/dt 也很大，在 AB 两点的等效电感上产生的感应电势 Ldi/dt，会形成很大尖峰，因此 AO 之间的电压将首先降到接近于 0，而后产生一个尖峰高电压，如图 8-3（b）所示波形。这些都会对接在同一汇流排上的其他通信设备产生影响。

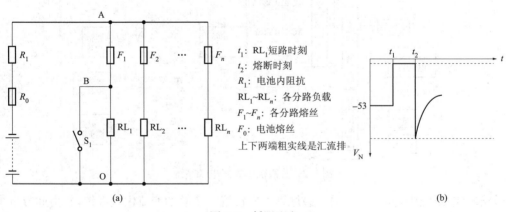

图 8-3　低阻配电

图 8-4 所示是在低阻配电系统基础上发展起来的高阻配电系统原理图。可以选择相对线径细一些的配电导线，相当于在各分路中接入有一定阻值的限流电阻 R_1，一般取值为电池内阻的 5～10 倍。这时如果某一分路发生短路，则系统电压的变化——电压跌落及反冲尖峰电压都很小，这是因为 R_1 限制了短路电流以及 Ldi/dt 也减少的原因，图 8-4 所示是 AO 电压变

化示意图。R_1 与电池内阻 R_r 合适的选配,可使 AO 电压变化在电源系统允差范围,使系统其他负载不受影响而正常工作。换而言之,达到了等效隔离的作用。

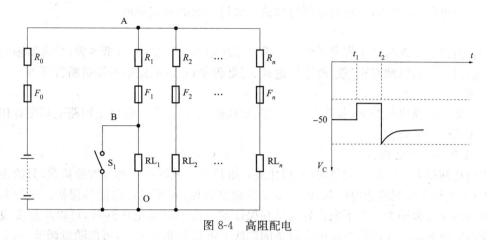

图 8-4　高阻配电

高阻配电存在问题:一是由于回路中串联电阻会导致电池放电时,不允许放到常规终止电压,否则负载电压太低;二是串联电阻上的损耗,一般 2%～4% 左右。

直流供电系统中,直流配电设备负责汇接直流电源与对应的直流负载,完成直流电的分配,输出电压的调整以及工作方式的转换等,其目的既要保证负载要求,又要保证蓄电池能获得补充电流。

并联浮充供电方式的原理如图 8-5 所示。整流器与蓄电池并联后对通信设备供电。在交流电正常情况下,整流器一方面给通信设备供电,另一方面又给蓄电池补充充电,以补充蓄电池因自放电而失去的电量。在并联浮充工作状态下,蓄电池还能起一定的滤波作用。当交流中断时,蓄电池单独给通信设备供电,放出的电量在整流器恢复工作后通过自动(或手动)转为均充来补足。并联浮充供电方式的优点是:延长电池寿命,工作可靠(因电池始终处于充足状态),供电效率也较高。

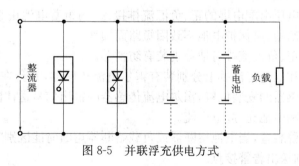

图 8-5　并联浮充供电方式

8.3　直流配电系统功能

连接整流器和蓄电池向负载供电,把集中的直流电能分配到各用电设备,具有独立的监控单元,对各种直流参数和状态进行检测和显示。

1. 测量

测量系统输出总电压，系统总电流；各负载回路用电电流；整流器输出电压电流；各蓄电池组充(放)电电压、电流等，并将测量所得到的值通过一定的方式显示。

2. 告警

当直流供电异常时产生告警或保护。提供系统输出电压过高、过低告警；整流器输出电压过高、过低告警；蓄电池组充(放)电电压过高、过低告警；负载回路熔断器熔断告警等。

3. 保护

在整流器的输出线路上，各蓄电池组的输出线路上，以及各负载输出回路上都接有相应的熔断器短路保护装置。

4. 具有二次下电功能

当电池两端电压降到一定值时(一般比终止电压高)，就断掉一部分次要负载，只给主要负载供电；当电压下降到终止电压时，则将主要负载也断掉，实现对蓄电池的保护。这种两级断开负载的动作过程即为二次下电。好处是在保证蓄电池不过放电的同时，可以给重要设备提供更长的供电时间。先进的直流配电设备的二次下电功能非常灵活，可以随意调节一、二次下电的电压，并且也可以设置成不做二次下电和低电压保护，优先保障通信。

8.4　直流配电屏原理

对应小容量的供电系统，比如分散供电系统，通常交流配电、直流配电和整流、监控等组成一个完整、独立的供电系统，集成安装在一个机柜内。

相对大容量的直流供电系统，一般单独设置直流配电屏，以满足各种负载供电的需要。如图 8-6 所示是一张独立的直流配电屏电路图。

1. 直流配电屏主要特性

整流器输出直流电压由配电屏的正、负汇流排接入，两组蓄电池由直流屏的电池排接入。在电池回路中装有熔断器，可保护电池不致因短路而损坏。

直流配电屏输入正、负汇流排对地分别装有防雷器。

在负载总汇流排和电池汇流排上分别装有霍尔电流传感器，并且在主要输出分路汇流条上预留了霍尔电流传感器的安装位置，霍尔电流传感器的输出信号送往监控单元，在监控单元上可显示负载总电流和电池充、放电电流。

备有信号集中告警装置，当电池熔断器或负载熔断器熔断时能区别"电池"或"负载"故障，发出声光告警，并分别送出告警接点。

2. 直流配电屏工作原理

根据负载的容量，各路输出电压可经过熔断器或空气开关接到负载。图中，AP569 为信号集中告警电路板，当电池主熔断器 FU1(1)或 FU2(2)熔断后，相应的信号熔断器 FU17(36)或 FU18(37)迅速熔断，该信号熔断器的一组接点 3、4 闭合，接通发光管 HL1(38)的电源，发光管发出电池熔断器熔断灯光告警。同时，信号熔断器 FU17(36)或 FU18(37)的另一组接点 3、4 闭合后，AP569 告警板的 34−16 端变为负电位，该板的继电器 K1 吸合，其一组接点闭合，蜂鸣器 HA(41)发出声音告警。与蜂鸣器串联的开关 SA13(42)用于维修时停止声音告警。

　　负载熔断器熔断时,信号加到 AP646 上,经过处理后,电路板 AP646 的 32－18 端输出熔断信号给告警板 AP569 的 34－1 端,从而驱动发光管 HL2,发出负载熔断器熔断灯光告警,同时还使得蜂鸣器 HA(41)发出声音告警信息。

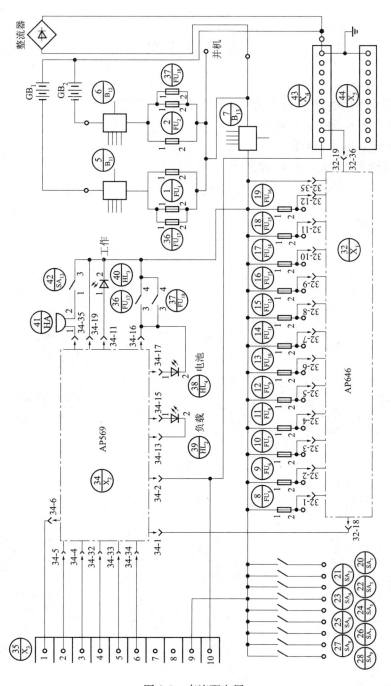

图 8-6　直流配电屏

信号集中告警板 AP569 可提供直流系统各种告警信息,分别通过告警输出插座 X3(35)的 1、2、3、4、5、6 脚向外电路传递"负载熔断器熔断告警"和"电池熔断器熔断告警"(比如送往开关电源的监控模块的用户接口板上,以提供监控模块的控制和显示)。此外,告警输出插座 X3(35)的 9、10 脚提供直流电压取样信号。

复习思考题

1. 什么是集中供电,什么是分散供电? 各有什么优缺点?
2. 简述高阻配电和低阻配电的特点?
3. 直流配电屏的作用是什么?
4. 简述直流配电屏的工作原理。

第9章 不间断电源(UPS)

9.1 UPS 概述

UPS 是不间断供电电源系统(Uninterruptible Power System)的英文简称,是能够持续、稳定、不间断向负载供电的一类重要电源设备。从广义上说,UPS 包含交流不间断电源系统和直流不间断电源系统,电信业已习惯于把交流不间断电源系统称为 UPS。

随着计算机的普及和信息处理技术的不断发展,为了保证计算机的正确运算,保证设备的安全运行,通信用 UPS 的规模也在扩大,其重要性逐步提高,现在已经成为通信电源日常维护的一个重点。计算机类或其他敏感先进仪器设备,除要求供电系统具有连续可靠之外,还要求市电供电系统的输出保持良好的正弦波形且不带任何干扰。

目前,我国市电供电电源质量一般为:电压波动±10%,频率 50±0.5 Hz,有些地区还达不到这个标准。而市电电网中接有各式各样的设备,来自外部、内部的各种噪声,又会对电网形成污染或干扰,甚至使电网污染十分严重。这些污染主要有以下几种:电压浪涌、电压尖峰、电压瞬变、噪声电压、过压、电压跌落、欠压、电源中断等。

以上污染或干扰对计算机或其他敏感先进仪器设备运行会带来不良影响。如电源中断,可能造成硬件损坏;电压跌落,可能会使硬件提前老化、文件数据受损;过压或欠压、浪涌电压等,可能会损坏驱动器、存储器、逻辑电路,还可能产生不可预料的软件故障;噪声电压和瞬变电压以及电压叠加,可能损坏逻辑电路和文件数据等。

为了保证计算机类或其他敏感先进仪器设备的安全运行,为了满足计算机类或其他敏感先进仪器设备对供电电源质量提出的严格要求而发展和普及起来的一种新型供电系统(Uninterruptible Power System),称为"不间断电源系统"或"不停电供电系统",简称 UPS。UPS 利用电池的储能给设备供电。市电正常时将市电转化为化学能储存起来;当市电不正常时,由化学能转化为电能给设备供电。如图 9-1 所示。

UPS 发展初期,仅被视为一种备用电源。后来,由于电压浪涌、欠压甚至电压中断等电网质量问题,使计算机等设备的电子系统受到干扰,造成敏感元件受损、信息丢失、磁盘程序被冲掉等严重后果,引起巨大的经济损失。因此,UPS 日益受到重视,并逐渐发展成一种具备稳压、稳频、滤波、抗电磁和射频干扰、防电压浪涌等功能的电力保护系统。

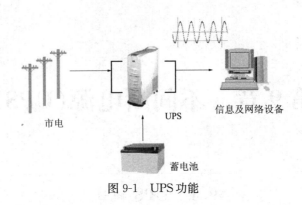

图 9-1 UPS 功能

9.2　UPS 的基本组成

从基本应用原理上讲，UPS 是一种含有储能装置，以逆变器为主要元件，稳压稳频输出的电源保护设备。UPS 主要由整流器、蓄电池、逆变器和静态开关等几部分组成。如图 9-2 所示。

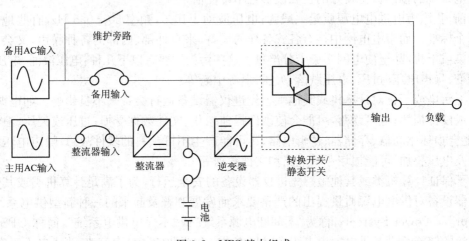

图 9-2　UPS 基本组成

1. 整流器

整流器是一个整流装置，简单地说就是将交流（AC）转化为直流（DC）的装置。它有两个主要功能。

（1）将交流电（AC）变成直流电（DC），经滤波后供给负载，或者供给逆变器。

（2）给蓄电池提供充电电压，因此，它同时又起到一个充电器的作用。

通信用 UPS 中的整流器除了应能输出所需直流电压、电流外，还要使 UPS 达到输入功率因数不小于 0.85～0.95、输入电流谐波成分小于 25%～5% 的要求（不同档次的 UPS 有差别）。因此，单相输入的 UPS 应采用含有源功率因数校正环节的高频开关整流器。

三相输入的 UPS，当 UPS 的额定输出功率超过 10 kVA 时，可采用无源功率因数校正环节的三相桥式不控整流器(采用二极管作整流原件);额定输出功率在 $10\sim100$ kVA 左右时,宜采用三相六管高频开关整流器;额定输出功率在 100 kVA 以上时,通常采用输入端装有 5 次谐波滤波器的 6 脉冲整流器以及输入端装有 11 次谐波滤波器的 12 脉冲整流器。三相六管高频开关整流器技术先进,但目前功率容量不能做得太大。

2. 蓄电池组

蓄电池组是 UPS 用来作为储存电能的装置,它由若干个电池串联而成,其容量大小决定了其维持放电(供电)的时间。其主要功能是:

(1)当市电正常时处于浮充状态,有整流器(充电器)给蓄电池组补充充电,将电能转换成化学能储存在电池内部,使之存储的电量充足。

(2)当市电异常(停电或超出允许变化范围)时,蓄电池组将化学能转换成电能提供给逆变器或负载。市电恢复正常后整流器(充电器)对它进行恒压限流充电,然后自动转为正常浮充状态。

3. 逆变器

通俗地讲,逆变器是一种将直流电(DC)转化为交流电(AC)的装置,由逆变桥、控制逻辑和滤波电路组成,也称为 DC/AC 变换器,常用的逆变器按选用的开关器件可分为晶体管逆变器和晶闸管逆变器,按逆变器输出电压的波形,通常可分为方波逆变器和正弦波逆变器。

4. 输出转换开关

输出转换开关是进行由逆变器向负载供电或市电向负载供电的自动转换。其结构有带触点的开关(如继电器或接触器)和无触点的开关(一般采用晶闸管即可控硅)两类。

无触点开关没有机械动作,因此通常称为静态开关。

静态开关(Static Switch)又称静止开关,它是一种无触点开关,是用两个可控硅(SCR)反向并联组成的一种交流开关,其闭合和断开由逻辑控制器控制。分为转换型和并机型两种。转换型开关主要用于两路电源供电的系统,其作用是实现从一路到另一路的自动切换;并机型开关主要用于并联逆变器与市电或多台逆变器。如图 9-3 所示。

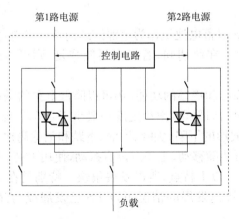

图 9-3 STS 静态转换开关

5. 锁相环

双变换 UPS 当逆变器过载或发生故障时,在市电质量较好的情况下,应能平滑地切换为由市电旁路供电,并应避免切换时在静态开关中产生较大的环流。为此在市电频率比较稳定时,逆变器输出的正弦波电压应与输入市电同频率并且基本同相位,即逆变器应与市电锁相同步。

用来使一个交流电源与另一个交流电源保持频率相同、相位差小且相位差恒定的闭环控制电路,称为锁相环。在正弦脉宽调制逆变器中,设置锁相环来使调制正弦波和三角波的频率分别锁定在电网频率和电网频率的高倍率上。

锁相环由鉴相器、环路滤波器和压控振荡器组成。鉴相器用来鉴别输入信号 U_i 与输出信号 U_o 之间的相位差,并输出误差电压 U_d。U_d 中的噪声和干扰成分被低通性质的环路滤波器滤除,形成压控振荡器(VCO)的控制电压 U_c。U_c 作用于压控振荡器的结果是把它的输出振荡频率 f_o 拉向环路输入信号频率 f_i,当二者相等时,环路被锁定,称为入锁。维持锁定的直流控制电压由鉴相器提供,因此鉴相器的两个输入信号间留有一定的相位差。

9.3 UPS 分类

静态 UPS 的基本框图如图 9-4 所示。

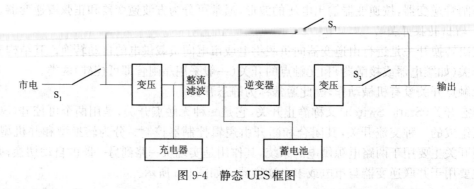

图 9-4 静态 UPS 框图

静态 UPS 的特点如下。

1. 当市电中断后,UPS 以蓄电池组作为电源继续向负载供电,依据蓄电池组容量的大小,可以供电 10 分钟至数小时。在此期间,若市电不能恢复,则可以启动柴油发电机代替市电供电。

2. 在线式 UPS 具有稳压和稳频的功能,还可以降低电源的噪声,改善工作条件。目前这种系统的电压稳定度一般小于 1%,频率稳定度一般小于 0.5%,噪声一般小于 80 dB。另外,还能抑制和削弱输入电压波形的下陷、尖峰、浪涌、下跌和消除高次谐波等现象。

3. 不需要固定地基,可能随移动,工作时没有振动,使用方便,并且有比较完备的保护、报警功能。静态 UPS 由于具有以上特点,所以发展很快。特别是在大功率晶体管、门极控制开关(GTO)等半导体器件快速发展的情况下,UPS 已发展成为晶体管化的、微机控制的现代 UPS。

静态 UPS 从工作方式上可分为三类:后备式(OFF-LINE)UPS,在线式(ON-LINE)UPS,三端口 UPS。

(1)后备式 UPS

基本结构如图 9-5 所示。

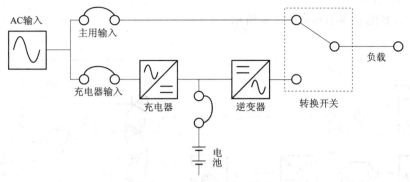

图 9-5　后备式 UPS 结构

工作原理:输入交流市电正常时,转换开关自动接通旁路,市电经旁路通道向用电设备供电,充电器对蓄电池补充充电,此时逆变器停机(冷备用)。冷备用 UPS 的旁路通道中通常加装对市电进行简单稳压处理的装置。如图 9-6 所示。

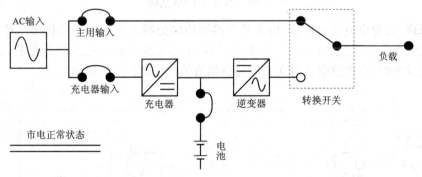

图 9-6　后备式 UPS(市电正常状态)

当市电异常时,逆变器迅速开机,蓄电池对逆变器供电,转换开关自动接通逆变器,由逆变器输出交流电压向用电设备供电。如图 9-7 所示。

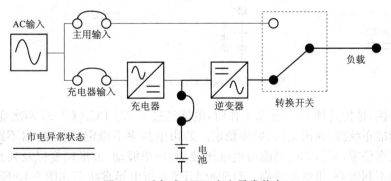

图 9-7　后备式 UPS(市电异常状态)

这种 UPS 大多数是逆变器只能短时间运行(10 min 左右)的产品,逆变器和蓄电池容量都小,价格低廉,供电约 10 min,主要作计算机停电保存数据之用;也有逆变器运行时间稍长的产品。

（2）双变换 UPS

双变换 UPS 的基本结构如图 9-8 所示。

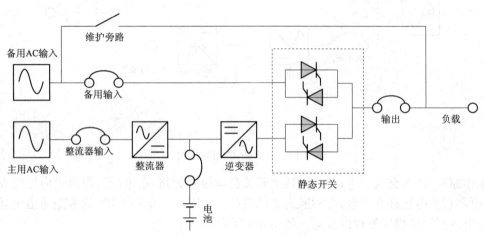

图 9-8　双变换 UPS 结构

工作原理：无论市电是否正常，均由逆变器经相应的静态开关向负载供电。市电正常时，整流器向逆变器供给直流电，并由整流器或另设的充电器对蓄电池组补充充电（如图 9-9 所示）；当市电异常时，蓄电池组放电向逆变器供给直流电（如图 9-10 所示）。

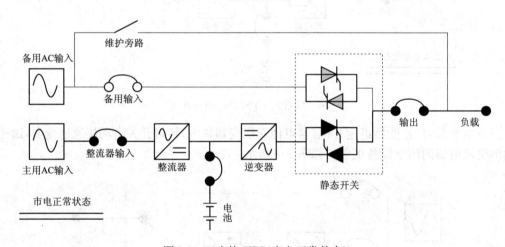

图 9-9　双变换 UPS（市电正常状态）

所谓双变换，是指这种 UPS 正常工作时，电能经过了 AC/DC、DC/AC 两次变换供给负载。逆变器输出标准正弦波，输出电压、频率稳定。若市电频率不稳定，则逆变器不跟踪市电频率而保持输出频率稳定，可以彻底消除市电电压波动、频率波动、波形畸变以及来自电网的电磁骚扰对负载的不利影响，供电质量高。双变换 UPS 在市电异常状态如图 9-10 所示，逆变器故障状态如图 9-11 所示。

（3）在线互动式 UPS

在线互动式 UPS 的基本结构如图 9-12 所示。

Delta 变换 UPS 属于互动式 UPS 中比较新型的产品，其中的逆变器是双向逆变器，既能

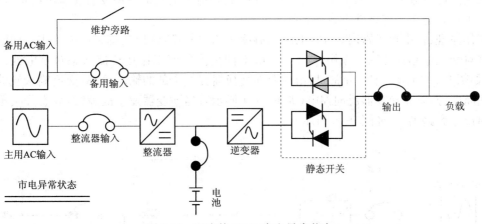

图 9-10　双变换 UPS（市电异常状态）

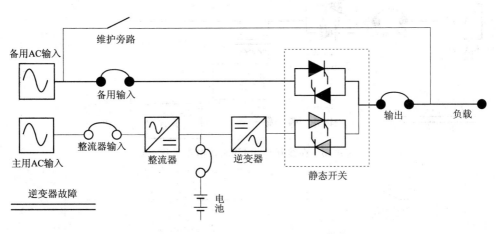

图 9-11　双变换 UPS（逆变器故障）

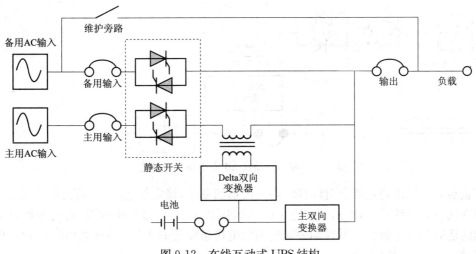

图 9-12　在线互动式 UPS 结构

将输入交流电整流为直流电给蓄电池充电,又能将蓄电池的直流电逆变为交流电给负载供电,这两种工作状态在一定条件下自动转换。

工作原理:在市电正常时,UPS 的输出频率为市电频率,输出功率以市电为主,Delta 双向变换器对交流电起补偿调节作用,同时 Delta 双向变换器能工作在整流状态对蓄电池组补充充电(如图 9-13 所示);市电异常时,由主双向变换器提供全部的输出功率,交流输入侧的静态开关切断电源,防止逆变器反向馈电(如图 9-14 所示);当逆变器发生故障时,静态开关迅速切换为由市电旁路供电(如图 9-15 所示)。

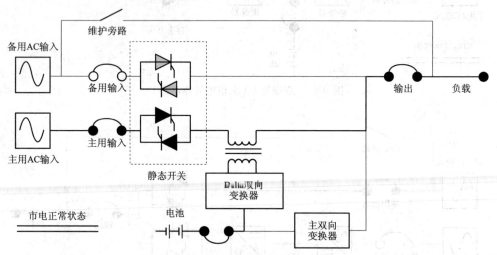

图 9-13　在线互动式 UPS(市电正常状态)

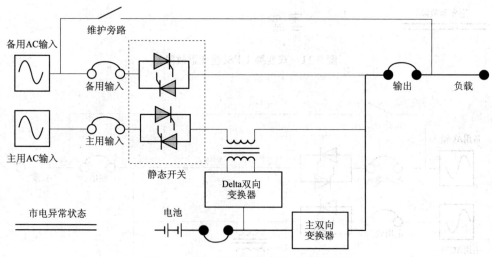

图 9-14　在线互动式 UPS(市电异常状态)

根据负载对输出稳定度、切换时间、输出波形的要求,确定是选择后备式、在线互动式还是双变换在线式。在线式 UPS 的输出稳定度、瞬间响应能力比另外两种强,对非线性负载及感性负载的适应能力也较强。另外如果要使用发电机带短延时 UPS,由于发电机的输出电压和频率波动较大,推荐使用在线式。

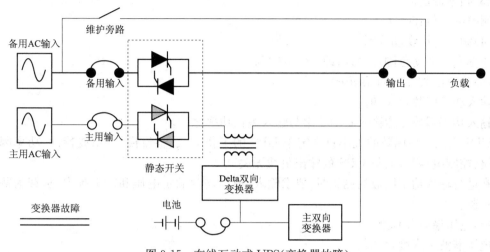

图 9-15　在线互动式 UPS(变换器故障)

9.4　UPS 指标参数

9.4.1　容量

一般是指 UPS 可以向负载提供的可以长期工作的额定功率。用户可以根据本身的负载功率去选择对应容量的 UPS。由于负载大部分是非线性的,在选择 UPS 时,最好留有 20%的余量。

容量的单位是伏安(VA),就是输出电流乘输出电压的积,这是因为 UPS 的负载随用电设备的不同而不同,即它们所需的有功功率(瓦－W)和无功功率(乏－var)各不相同,故用了一个笼统的概念。

《通信局(站)电源系统总技术要求》(YD/T 1051—2000)对交流不间断电源设备(UPS)的容量有以下归类。

- 单相输入单相输出设备容量系列(kVA):0.5,1,2,3,5,8,10;
- 三相输入单相输出设备容量系列(kVA):5,8,10,15,20,25,30;
- 三相输入三相输出设备容量系列(kVA):10,20,30,50,60,80,100,120,150,200,250,300,400,500,600。

9.4.2　输入指标

(1)电压额定值

电压额定值:220V/380VAC。

主输入电源为三相三线,旁路输入电源为三相四线。

(2)电压允许变动范围

电压允许变动范围:−15%～+10%,即相电压(220 V)允许变动范围为 187～242 V,线电压(380 V)变化范围为 323～418 V。

(3)频率额定值

频率额定值:50 Hz

(4)频率允许变动范围

频率允许变动范围:±4%,即48～52 Hz。

(5)功率因数(power factor)

输入功率因数:>0.9。

输入功率因数λ为输入有功功率与输入视在功率之比。

UPS输入功率因数的大小只决定于UPS的工作方式、整流模式、滤波特性、功率因数补偿电路、控制电路等,而与UPS的输出负载无关。

在进行输入功率因数的测量时,要求输入、输出均为额定电压和额定频率,负载为额定非线性负载。

(6)电压谐波失真度

电压谐波失真度:≤5%。

(7)功率软启动

功率软启动:10～15 s内爬升到额定功率。

9.4.3 输出指标

(1)电压额定值

输出电压额定值:220V/380VAC(三相四线)。

(2)电压可调范围

输出电压可调范围:±5%。

(3)频率额定值

输出频率额定值:50 Hz。

(4)电压精度

输出电压精度:稳态±1%,瞬态±5%。

(5)瞬态电压恢复时间(Transient Recovery Time)

在输入电压为额定值,输出接阻性负载,输出电流由零至额定电流和额定电流至零突变时,输出电压恢复到220V±3%范围内所需要的时间。

(6)频率精度

输出频率精度:±0.1%(内同步)。

(7)频率同步范围

输出频率同步范围:±0.1 Hz,±1 Hz,±1.5 Hz,±2 Hz可调。

(8)频率调节速率

输出频率调节速率:0.1～1 Hz/s

(9)电压波形失真度

输出波形失真度:≤2%。

(10)三相输出电压不平衡度

输出电压不平衡度:≤5%。

(11)三相输出电压相位偏移

输出电压相位偏差:≤3。

(12)过载能力

过载能力:30 s。注:正常工作方式,过载 125％。

(13)负载功率因数

输出功率因数:≤0.8。

(14)输出电流峰值系数

输出电流峰值系数:≤3∶1。

9.4.4　电源效率

一般指输出有功功率与输入有功功率的比值百分数。这是反映 UPS 本身损耗的一个可靠性指标,损耗大温度就高,元器件老化的速度就快。UPS 说明书上的效率值是该类设备可以达到的最大值,并且是一个变量:它是负载性质和负载量的函数。

电源效率:容量>10 kVA 时,≥90％;容量≤10 kVA 时,≥80％。

9.5　UPS 冗余供电

任何设备总有出故障的时候,为进一步提高整个电源系统的可靠性,需要采用冗余供电方案。目前,应用最为广泛的冗余供电方式有主备冗余供电方式和全冗余并联方式。在讨论冗余供电之前,首先应了解在线式 UPS 的四种工作状态。

(1)市电正常

在正常工作状态下,由市电提供能量,整流器将交流电转化为直流电,逆变器将经整流后的直流电转化为纯净的交流电并提供给负载,同时充电器对蓄电池组浮充电。

(2)市电异常

在市电断电或者输入市电的电压或频率超出允许范围时,整流器自动关闭。此时,由蓄电池组提供的直流电经逆变器转化为纯净的交流电并提供给负载。

(3)市电恢复正常

当市电恢复到正常后,整流器重新提供经整流后的直流电给逆变器,同时由充电器对蓄电池组充电。

(4)旁路状态

静态旁路是 UPS 系统的重要组成部分,在下列两种情况下 UPS 处于旁路。

①当负载超载、短路(实际上可以看成是一种严重的超载)或者逆变器故障时,为了保证不中断对负载的供电,静态旁路开关动作由市电直接向负载供电。

②维修或测试时,为了安全操作,将维修旁路开关闭合,由市电直接向负载供电。把 UPS 系统隔离,这种切换可保证在 UPS 检修或测试时对负载的不间断供电。

在 UPS 应用中,为了提高系统运行的可靠性,往往需要将多台 UPS 进行冗余连接,这种冗余连接技术包括热备份连接(串联连接)和并联连接两种方式。

1. UPS 的热备份连接

热备份连接是指当单台 UPS 不能满足用户提出的供电可靠性要求时,就需要再接入一台同规格的单机来提高可靠性。任何具有旁路环节的 UPS 都可以进行热备份连接,这种连接非常简单,当把 UPS1 作为主输出电源而把 USP2 作为备用机时,只需将备用机 UPS2 的输出与 UPS1 的旁路输入端相连就可以了,不过此时 UPS1 的旁路输入端一定要与其输入端断开。在正常情况下,由 UPS1 向负载供电,而 UPS2 处于热备份状态空载运行;当 UPS1 故障时,UPS2 投入运行,接替 UPS1 继续向负载供电。只有当 UPS2 过载或逆变器故障时,才闭合 UPS2 的旁路开关,负载转为由市电供电。为节约投资,还可以采用 $N+1$ 多机主备冗余供电,即二台以上的主机 UPS 的旁路开关一起连接到备机 UPS 的输出上。若两台不同容量的 UPS 相连,其容量只能按最小的那一台计算。

2. UPS 并联冗余方式

由于 UPS 输出阻抗存在差异,加之逆变器输出电压和市电电压的误差,且各 UPS 之间的电压存在相位差和幅值差,因此,UPS 并联技术实现难度和风险都比较大,一般仅在大功率应用场合才会采用该技术。UPS 并联连接必须注意以下事项。

(1)保证 UPS 相位和幅值相同,使各 UPS 之间不出现破坏性环流,当系统中并联的 UPS 越多,出现环流的概率也越大,系统带载能力及可靠性也就越差。

(2)当并联 UPS 系统中任一台出现故障时,不能将负载单独转为旁路,而是将负载分摊到与其并联的其他 UPS 上,从而对其他 UPS 造成冲击或过载,影响系统工作的可靠性。需要提出一个理解误区:用户往往以为并联就是简单的相加,两台 10 kVA 的 UPS 并联,最大可带 20 kVA,现在带上 14 kVA 应该可以。其实不然,因为只要其中的一台 UPS 发生故障,14 kVA 的负载将被强行加在另一台 UPS 上,这对 UPS 的工作性能非常不利,不可长期工作,最终还是交由旁路供电,从而降低了系统的可靠性。因此,如果系统要求 $N+1$ 冗余($N>1$),可以使用并联冗余,而对 $1+1$ 冗余,其可靠性与选择热备份连接方式基本一致。

(3)为了保证并联连接工作正常,必须在原 UPS 的基础上增加并联柜、并联板和并联静态开关等,会增加用户投资。有些厂家的产品还需要现场调试,在使用过程中增减 UPS 时,须重新调试并联均流问题,增加了维护难度与成本。

并联技术的优点在于其动态性能好,扩容方便等,组建大容量系统时,一般都采用并联技术。

9.6 UPS 的操作与维护

UPS 一般要求使用在海拔高度 3 000 m 以下,环境温度 0~40℃,相对湿度≤95%(25℃,无凝结),工作环境无剧烈振动、冲击,无导电爆炸尘埃,无腐蚀金属和破坏绝缘的气体和蒸汽。

UPS 使用的温度条件实际上取决于蓄电池,无论 UPS 的充电器是否具有充电温度补偿功能,都必须将 UPS 用的蓄电池置于合适温度范围的环境。过低的环境温度会造成蓄电池的放电容量下降;当温度超过 25℃时,会造成蓄电池的使用寿命被缩短,使用时需注意。

9.6.1 UPS 使用维护注意事项

(1)维修旁路使用注意事项

• 在 UPS 处于正常逆变器运行时,切勿合维修旁路开关,否则可能会造成 UPS 损坏,严重时会造成负载供电中断。

- 维修旁路只有在静态旁路带载时才允许合闸。

(2)电池开关开启顺序注意事项

由于三相 UPS 的整流器输出电压是逐渐建立的,电压比较高,直流电压达到 400 Vdc,在直流母排上并联着许多大电容,直流电容的电压是不允许瞬变的,所以只有在整流器输出电压逐渐建立起来后,才能合电池开关。

(3)UPS 并联运行时注意事项

- UPS 并联运行时不要在面板上轻易开/关或在面板上随意设置参数,以免引起并机系统宕机,危害负载安全运行。
- UPS 并机运行时请勿触动并机通信线。

(4)更换蓄电池时注意事项

- 更换蓄电池时,如果蓄电池 AH 数发生变化,请务必将蓄电池在 UPS 内的参数重新设置。
- 更换电池连接线。
- 在个别电池损坏暂时无替代时,可以调低浮充电压,移出故障电池。

(5)UPS 的耗材

UPS 是常年不间断运行的,冷却系统的风机在连续运行 3～5 年后就易损坏,应实时保养或直接更换,另直流电容在运行 5 年后易发生电容干枯现象,为了确保 UPS 可靠性,更换上述耗材是非常必要的。

(6)油机电和市电倒换时注意事项

- 倒换油机电之前一定要确定大楼内所有 UPS 都处在逆变器运行,没有设备在旁路供电。
- 倒换油机电之前需等油机发出的电稳定之后再切换。

9.6.2　UPS 维护检查事项

检查的目的主要是为了及时发现事故苗头和积累 UPS 电源的运行经验。它所包括的检查内容如下。

(1)来自市电电网的三相主电源(指向整流模块供电的交流电源)和交流旁路电源的输入电压及电流。

(2)UPS 整流器对电池组的充电电压及充、放电电流。

(3)在 UPS 面板上查看有无报警内容。

(4)检查并联 UPS 每台的输出电流是否一致。

(5)注意聆听 UPS 电源发出的噪音声响是否有明显的或异常的变化。

(6)定期清除 UPS 内的积灰,保证机器的正常运转。

(7)定期检查 UPS 风扇是否正常运转,若风扇运转不良将会造成机器无法散热,系统操作温度过高而锁机。

(8)定期检查所有的开关与端子的电线连接是否锁紧及电线是否有因过热造成褪色现象。

9.6.3　安全运行注意事项

(1)UPS 的带载量问题

UPS 大多并联运行,因此,为了保证冗余度,单机的带载量不能超过 50%。当 UPS 容量超过 50％时,此 UPS 并联系统的冗余度便降低,可靠性也会降低。

另外,UPS 应该留有一定的余量,以便 UPS 负载动态变化时、负载增加时、负载启动时不致使 UPS 过载。故一般 UPS 单机的带载量宜为输出容量的 70％～80％,同时此功率段 UPS 效率最高。

UPS 单机容量超过 70％～80％,请降低负载,并机容量超过 50％,也请立即降低 UPS 负载,否则 UPS 将处于有风险运转。

(2)UPS 轻载运行问题

大多数 UPS 在 50％～100％负载时,其效率最高,当负载低于 50％时,其效率急剧降低,因此,当 UPS 过度轻载运行时,从经济角度讲是不合算的。另外,有的用户总认为,负载越轻,机器的可靠性就越高,故障率就越低,其实这种概念并不全面。因为负载轻虽然可以降低末级功率管被损坏的概率,但对蓄电池却极其有害。因为过度轻载时,一旦市电停电以后,如果 UPS 没有深放电保护系统,有可能造成蓄电池过度深放电,造成蓄电池永久性地保护。

(3)UPS 不宜带载开机和关机

没有延迟启动功能的 UPS,带载开机很容易在启动的瞬间烧毁逆变器的末级驱动组件。因为刚开启时,控制电路的工作还未进入稳定状态,启动的瞬间会产生较大的浪涌电流,对末级驱动组件的 UPS 来说,更是如此。当负载中包含有电感性负载时,带载关机也同样可能引起末级驱动组件的损坏。因此,不要带载开机和关机。

(4)UPS 逆变器正常运行时,禁用示波器观察控制电路波形

UPS 的核心部件是逆变器,逆变器运行时,请不要用示波器或其他测试工具去观察控制电路的波形。因为测试时,尽管特别小心,也很难避免表笔与临近点相碰,更难防止因表笔接上后引起电路工作状态的变化。一旦电路工作异常,就有导致末级驱动组件烧毁的危险。

9.6.4 UPS 蓄电池日常维护要求

(1)蓄电池安装场地应保证通风、避免阳光直射、环境温度不宜过高或过低,最好保持在 20～25℃之间。

(2)定期对电池进行检查,如有性能异常,池壳、盖子龟裂、变形等损伤及漏液情况发生时,要更换电池。

(3)进行维护检修时,应使用绝缘手套、绝缘鞋等保护用品。如身体直接接触导线,会有触电的危险。

(4)清扫蓄电池时,不用使用湿布等。如用干布或掸子进行清扫,产生的静电有引火爆炸的危险。

(5)清扫合成树脂电池壳时,不应使用香蕉水、汽油、挥发油等有机溶剂或洗涤剂,否则有可能使电池壳破裂,导致电解液漏出。

(6)电压及外观应定期检查,螺栓螺帽也要定期拧紧。如不定期检查,有引起蓄电池破损及引火爆炸的危险。

(7)阀控式密封铅酸蓄电池的安全阀在排气栓下面。禁止拆下安全阀和排气栓,否则有造成蓄电池性能、寿命劣化、破损的危险。

(8)严禁蓄电池过度放电,如小电流放电至自动关机,人为调低蓄电池最低保护值等,均可能造成电池过度放电。

(9)对于经常停电,造成蓄电池频繁放电区域,要采取措施,保证蓄电池在每次放电后有足够的充电时间,防止蓄电池长期充电不足。

(10)对于电网很少停电,蓄电池很少放电的 UPS,则要每间隔 2~3 个月人为地断市电一次,让蓄电池放电一段时间,防止蓄电池"储存老化",导致使用寿命缩短,无法达到设计使用寿命。

(11)要定期检查蓄电池的端电压和内阻,及时发现"落后"电池,进行个别处理。

复习思考题

1. UPS 的组成包括哪些? 通信系统中有什么作用?
2. UPS 的分类有哪些? 各种 UPS 工作方式有什么不同? 说明各自优缺点。
3. UPS 使用维护注意事项有哪些?
4. UPS 安全注意事项有哪些?

第10章　通信接地与防雷系统

10.1　接地系统

10.1.1　接地系统

接地系统是通信电源系统的重要组成部分,它不仅直接影响通信的质量和电力系统的正常运行,还起到保护人身安全和设备安全的作用。在电信局站中,接地技术牵涉到各个电信专业的设备、电源设备和房屋建筑防雷等各个方面的要求。

1. 地和地电位

电气系统所指的地,即是人类生存的大地。大地是一个电阻非常低、电容非常大的物体,拥有吸收无限电荷的能力,而且在吸收大量电荷后仍能保持电位不变,因此作为电气系统中的参考电位体,即电气地。

与大地紧密接触并形成电气接触的一个或一组导电体称为接地极,通常采用圆钢或角钢,也可采用铜棒或铜板。当流入地中的电流通过接地极向大地作半球形散开时,由于这个半球形的球面在离接地极越近的地方越小,越远的地方越大,所以在离接地极越近的地方电阻越大,越远的地方电阻越小。实验证明:在距单根接地极或碰地处20 m以外的地方,实际已没有什么电阻存在,该处的电位已趋近于零,这个电位等于零的电气地就叫地电位。

2. 接地

接地就是将地面上的金属物体或电路中的某结点用导线与大地可靠地连接起来,使该物体或结点与大地保持同电位。

3. 接地系统应具备的功能

(1)防止电气设备事故时故障电路发生危险的接触电位和使故障电路开路;

(2)保证系统的电磁兼容(EMC)的需要,保证通信系统所有功能不受干扰;

(3)提供以大地作回路的所有信号系统一个低的接地电阻;

(4)提高电子设备的屏蔽效果;

(5)减低雷击的影响,尤其在高层电信大楼和山上微波站的防雷需求更高。

10.1.2　接地系统的组成

接地系统由大地、接地体(或接地电极)、接地引入线、接地汇集线和接地线组成。电信局站各类电信设备的工作接地、保护接地以及建筑防雷接地共同合用一组接地体的接地方式称为联合接地方式。联合接地方式的连接示意图如图10-1所示。

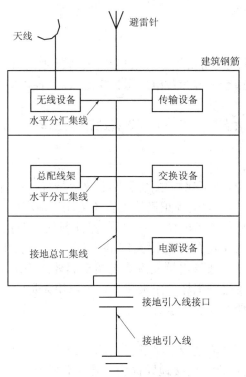

图 10-1　联合接地系统示意图

组成接地系统的各部分的功能如下。

1. 大地

接地系统中所指的地即为一般的土地,不过它有导电的特性,并且有无限大的容电量,可以用来作为良好的参考电位。

2. 接地体(接地电极)

接地体是使电信局站各地线电流汇入大地扩散和均衡电位而设置的与土地物理结合形成电气接触的金属部件。

联合接地方式的接地体可由两部分组成,即利用建筑基础部分混凝土内的钢筋和围绕建筑物四周敷设的环形接地电极(由垂直和水平电极组成)相互焊接组成的一个整体。

3. 接地引入线

接地体与贯穿电信局(站)各电信装机楼层的接地总汇集线之间相连的连接线称为接地引入线,接地引入线应作防腐蚀处理,以提高使用寿命。在室外与土壤接触的接地电极之间的连接导线则形成接地电极的一部分,不作为接地引入线。

4. 接地汇集线

接地汇集线是指电信局(站)建筑物内分布设备可与各通信机房接地线相连的一组接地干线的总称。接地汇集线分为垂直接地总汇集线和水平接地分汇集线两部分,其中垂直总汇集线是一个主干线,其一端与接地引入线连通,另一端与建筑物各层楼的钢筋和各层楼的水平接地分汇集线相连,形成辐射状结构。

5. 接地线

电信局(站)内各类需要接地的设备与水平接地分汇集线之间的连线,其截面积应根据可能通过的最大负载电流确定,并不准使用裸导线布放。

10.1.3 接地的分类

交、直流电源系统和建筑物防雷等都要求接地,各种接地的分类一般可分为工作接地、保护接地和防雷接地。防雷接地也称为过电压保护接地,以上各种接地的性质和功能分述如下。

1. 工作接地

工作接地用于保护通信设备和直流电源设备的正常工作。工作接地又可分为直流工作接地和交流工作接地。

(1)直流工作接地

在直流电源供电系统中,为了保护电源设备正常运行、保障通信质量设置的电池一极接地,称为直流工作接地,如−48 V电源正极接地直流工作接地利用大地作为参考零电位,保证各通信设备间甚至各局站间的参考电位没有差异,保证通信设备正常工作。直流工作接地减少用户线路对地绝缘不良时引起的通信回路间的串音。48 V蓄电池组都是正极接地,并用−48 V表示。其原因是减少由于继电器线圈或电缆金属外波绝缘不良时产生的电蚀作用,因而使继电器和电缆金属外皮受到损坏。正极接地也可以使大量的用户外线电缆的心线不致因绝缘不良产生的漏电流而使芯线受到电蚀。

(2)交流工作接地

交流工作接地是指低压交流电网中将三相电源中的中性点直接接地,如配电变器次级线圈、交流发电机电枢绕组等中性点的接地即称为交流工作接地。交流工作接地的作用是将三极交流负荷不平衡引起的在中性线上的不平衡电流泄放余地,减小中性点电位的偏移,保证各相设备正常运行。接地以后的中性线称为零线。

2. 保护接地

在通信电源设备中,将设备在正常情况下与带电部分绝缘的金属外壳与接地体之间做良好的金属连接,可以防止设备因绝缘损坏而使人员遭受触电的危险,这种保护工作人员安全的接地措施,称为保护接地(或叫安全接地)。保护接地的作用是防止人身和设备遭受危险电压的接触和破坏,以保护人身和设备的安全。

在讨论保护接地时,先对接触电压和跨步电压的概念加以说明。

(1)接触电压。在接地电流回路上,一人同时触及的两点间所呈现的电位差,称为接触电压。接触电压在愈接近接地体处时其值则愈小,距离接地体或碰地处愈远时则愈大。在距接地体处或碰地处约20 m以外的地方,接触电压最大,可达电气设备的对地电压。

(2)跨步电压。当电气设备碰壳或交流电一相碰地时,则有电流向接地体或着地点四周流散出去,而在地面上呈现出不同的电位分布,当人的两脚站在这种带有不同电位的地面上时,两脚间呈现的电位差叫跨步电压。

保护接地的作用如下:如未设保护接地时,人体触及绝缘损坏的电机外壳时,由于线路与大地间存在电容,或线路上某处绝缘不好,如果人体触及此绝缘损坏的电气设备外壳,则电流就经人体而成通路,这样就会遭受触电的危害。

有接地措施的电气设备。当绝缘损坏外壳带电时,接地短路电流将同时沿着接地体和人体两路通路流过。流过每一条通路的电流值将与其电阻的大小成反比。即

$$\frac{I_R}{I_d'} = \frac{r_d}{r_R'}$$

式中：I_d'——沿接地体流过的电流；

$\quad\quad I_R$——流经人体的电流；

$\quad\quad r_R$——人体的电阻；

$\quad\quad r_d$——接地体的接地电阻。

从上式中可以看出，接地体电阻愈小，流经人体的电流也就愈小。通常人体的电阻比接地体电阻大数百倍，所以流经人体的电流也就比流经接地体的电流小数百倍。当接地电阻极为微小时，流经人体的电流几乎等于零，也就是 $I_d \approx I_d'$。因而，人体就能避免触电的危险。

保护接地分为交流保护接地和直流保护接地。

(1)交流保护接地

交流低压配电系统按接地方式不同，分为 TN、TT、IT 三类。

- 第一个大写字母 T 表示电源变压器中性点直接接地；I 则表示电源变压器中性点不接地(或通过高阻抗接地)。
- 第二个大写字母 T 表示电气设备的外壳直接接地，但和电网的接地系统没有联系；N 表示电气设备的外壳与系统的接地中性线相连。

①TN 系统

- TN 系统是将电气设备的金属外壳与工作零线相接的保护系统，称作接零保护系统。
- TN 系统根据电气设备外露导电部分与系统连接的不同方式又可分三类：即 TN-C、TN-S、TN-C-S。

a. TN-C 系统(如图 10-2 所示)

- 电源中性点接地，保护零线 PE 与工作零线 N 是合一的。
- 该系统保护线与中性线合为 PEN 线，具有简单、经济的优点。当发生接地短路故障时，故障电流大，使电流保护装置动作，切断电源。
- 该系统对于单相负荷及三相不平衡负荷的线路，PEN 线总有电流流过，其产生的压降，将会呈现在电气设备的金属外壳上，对敏感性电子设备不利。此外，PEN 线上微弱的电流在危险的环境中可能引起爆炸，所以有爆炸危险环境不能使用 TN-C 系统。

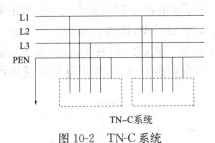

图 10-2　TN-C 系统

b. TN-S 系统(如图 10-3 所示)

- 系统的中性线 N 与保护线 PE 是分开的。
- 除具有 TN-C 系统的优点外，正常时 PE 线不通过负荷电流，故与 PE 线相连的电气设备金属外壳在正常运行时不带电，安全、可靠，称接地保护系统。适用于数据处理和精密电子仪器设备的供电，也可用于爆炸危险环境中。
- 国家通信行业标准规定在低压交流供电系统中应采用 TN-S 接线方式。

c. TN-C-S 系统(如图 10-4 所示)

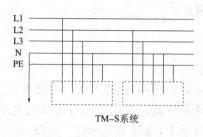

图 10-3　TN-S 系统

- 它由两个接地系统组成,前一部分是 TN-C 系统,后一部分是 TN-S 系统,其分界面在 N 线与 PE 线的连接点。自连接点 A 起分开为保护线(PE)和中性线(N),分开后 N 线应对地绝缘。PE 线不能再与 N 线合并。
- PE 和 PEN 应标示黄绿色、N 线标示蓝色色标。
- TN-C-S 系统是一个广泛采用的配电系统,能保证一定安全水平。

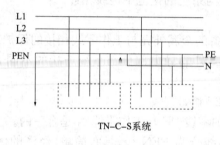

图 10-4　TN-S 系统

②TT 系统(如图 10-5 所示)
- 电源中性点直接接地的三相四线系统中,设备的外露可导电部分均经各自的保护线 PE 分别直接接地。
- 系统中所有设备的外露可导电部分都经各自的 PE 线分别直接接地的,各 PE 线间无电磁联系,因此也适于对数据处理、精密检测装置等供电。
- TT 系统与 TN 系统一样属三相四线制系统,接用相电压的单相设备也很方便,如果装设触电保护装置,对人身安全也有保障,所以这种系统应用比较广泛。

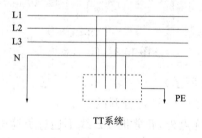

图 10-5　TT 系统

③IT 系统(如图 10-6 所示)
- 系统的电源中性点不接地或经电阻接地,一般为三相三线制,其中电气设备的外露可

导电部分均经各自的 PE 线分别直接接地。

- 发生一相接地故障时,所有三相用电设备仍可暂时运行。但是另两相的对地电压将由相电压升高到线电压,增加了对人身安全的威胁。设备的外露可导电部分,经各自的 PE 线分别直接接地,PE 线间无电磁联系,因此适于对数据处理、精密检测装置等供电。

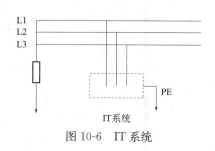

图 10-6　IT 系统

（2）直流保护接地

- 直流保护接地是将直流设备的金属外壳和电缆金属护套等接地。

①防止直流设备绝缘损坏时发生触电危险,保证维护人员人身安全。

②减小设备和线路中的电磁感应,保持一个稳定的电位,达到屏蔽的目的,减小杂音的干扰,以及防止静电的发生。

3. 防雷接地

防雷接地是将雷电流引入大地,防止雷电流使人身或设备遭受雷击。

通信局(站)通常有两种防雷接地装置:一种是为保护建筑物不受雷击而专设的防雷接地装置,这是由建筑部门设计安装的;另一种是为了防止雷电过电压对通信设备或电源设备的破坏,而埋设的防雷接地装置,其作用是当输电线路受到雷击时,阀型避雷器中阀片被击穿,将雷电流经防雷接地装置导入大地,从而保护了其他设备的安全。

10.1.4　联合接地系统

1. 分设的接地系统

一个通信局站的工作接地、保护接地和防雷接地的系统,如果分别安装设置,自成系统、互不连接则为分设的接地系统。当各个接地系统分设时,各个接地系统的接地极之间的距离应相隔 20 m 以上。

分设接地系统存在下列问题。

（1）侵入的雷浪涌电流在分离的接地之间产生电位差,使装置设备产生过电压。

（2）外界电磁场干扰日趋增大,使地下杂散电流发生串扰,结果是增大对通信和电源设备的电磁耦合影响。

（3）交流电源设备外壳的保护接地和直流工作接地由于走线架、铅包电缆外皮等连接,也难以分开。

（4）接地装置过多,导致打入土壤中的接地体过密,不能保证相互间安全间隔,造成不同接地体之间互相干扰。

2. 联合接地系统

工作接地、保护接地和防雷接地合并设在一个接地系统,形成一个统一合设的接地系统,如图 10-7 所示。

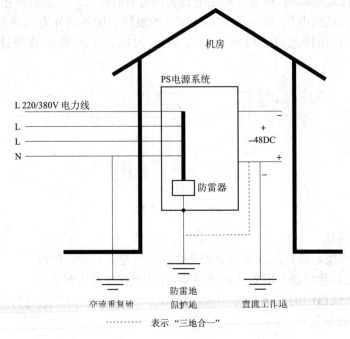

------- 表示"三地合一"

图 10-7 联合接地系统

在合设的联合接地系统中,为使同层机房内形成一个等电位面,应从每层楼的建筑钢筋上引出接地扁钢,与同层的电源设备外壳相连接,有利于雷电过电压的保护,以保护人员和设备的安全。利用机房大楼基础和钢筋躯体作为接地极,接地电阻是比较小的。

联合接地系统的优点如下。

(1)地电位均衡,同层各地线系统电位大体相等,消除危及设备的电位差。

(2)公共接地母线为全局建立了基准零电位点,全局按一点接地原理采用一个接地系统,任何时候不存在电位差。

(3)消除了各个地线系统之间的相互干扰。

(4)提高了电磁兼容性能。由于强、弱电,高频和低频电都等电位,所以提高了电磁兼容指标。

10.1.5 通信局站接地电阻

接地电阻一般由接地引入线电阻、接地体本身电阻、接地体与土壤的接触电阻以及接地体周围电流区域内的散流电阻 4 部分组成。接地电阻主要由接触电阻和散流电阻组成。电信局(站)联合接地装置的接地电阻应满足各种接地功能的要求,并以通信设备要求最高、接地电阻值最小数值为准。

我国《通信局(站)电源系统总技术要求》,规定联合装置的接地电阻值见表 10-1,表中所示的接地电阻值均系直流或工频接地电阻值。

表 10-1　我国规定的通信局(站)联合接地装置的接地电阻值

适用范围	接地电阻/Ω	依　据
综合楼、国际电信局、汇接局、万门以上程控交换局、2000 路以上长话局	<1	YDJ20-88《程控电话交换设备安装设计暂行技术规定》
2000 门以上 1 万门以下程控交换局、2000 路以下长话局	<3	
2000 门以下程控交换局、光终端站、载波增音站、地球站、微波枢纽站、移动通信基站	<5	
微波中继站、光缆中继站、小型地球站	<10	YDJ2011-93《微波站防雷与接地设计规范》
微波无源中继站	<20(注)	
适用于大地电阻率小于 100 Ω·m,电力电缆与架空电力线接口处防雷接地	<10	GBJ64-83《工业与民用电力装置过压保护设计规范》
适用于大地电阻率为 100~500 Ω·m,电力电缆与架空电力线接口处防雷接地	<15	
适用于大地电阻率为 500~1000 Ω·m,电力电缆与架空电力线接口处防雷接地	<20	

注:当土壤电阻率太高,难以达到 20 Ω时,可放宽到 30 Ω。

接地连接应注意事项:

(1)共用接地系统的接地电阻应满足各种接地中最小接地电阻的要求。

(2)直流地、交流地和保护地虽然最后都接在同一地线总汇流排上,但这并不意味着各种地之间可以任意连接,在其未接入前,地线之前彼此应保持严格的绝缘。因此通信大楼的地线设计应合理安排地线系统的拓扑结构,建筑防雷地应直接连接到地网,设备的工作地在地线总汇流排单点连接后汇集到地网。

10.1.6　接地电阻测试

接地电阻测试仪是检验测量接地电阻的常用仪表,也是安全检查与接地工程竣工验收的工具。

1. **手摇式接地电阻测试仪**

手摇式接地电阻测试仪又称为接地电阻摇表,本节以 ZC-29 型手摇式接地电阻测试仪为例说明该类仪表的操作与使用。操作面板如图 10-8 所示。

①平衡调整电位器。测试时调整该电位器使表头指针指示零位。

②E/F:接地极连接端。通常 E 端和 F 端用短接片连接,当测出的接地电阻小于 1 Ω时,需要将短接片取出,分别从 E 端和 F 端单独引连接线到接地体上。

③P:辅助电压极连接端。

④C:辅助电流极连接端。

⑤手柄。连接表内手摇式发电机。

⑥指针式表头。

⑦电阻倍率挡位。分成×0.1、×1、×10 三挡,从平衡调整电位器上读出的电阻值乘以电阻倍率得到实际的接地电阻值。

⑧辅助电流极。

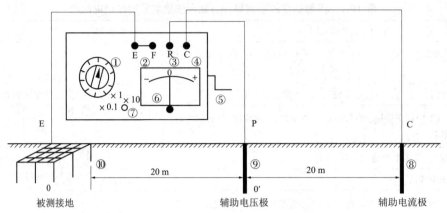

被测接地　　　　　　　　　辅助电压极　　　　　　　　辅助电流极

图 10-8　手摇式接地电阻测试仪操作面板及测量接线图

⑨辅助电压极。

⑩接地体。

手摇式接地电阻测试仪的使用方法如下。

①测量前,选择辅助电极的布极位置,要求所选择的布极点没有杂散电流的干扰,并且辅助电压极、辅助电流极、接地体边缘三者之间,两两距离不小于 20 m。

②接地电阻测试仪自校正。

③按照图 10-8 所示,正确连接测试仪。为了提高测量精度,在条件允许的情况下,将接地体与其上连接的设备断开,以免接地体上泄漏的杂散电流影响测量精度。

④保持测试仪处于水平状态。将倍率旋钮置于最大挡(×10 挡),并匀速摇动仪器手柄(每分钟约 150 转),同时调整仪表电位器旋钮,使接地电阻测试仪处于平衡状态。如果测试仪始终不能到达平衡状态,重新调整倍率旋钮和电位器旋钮,直到测试仪平衡,电位器读数乘以倍率即为接地电阻值。

2. 数字式钳形地阻表

钳形地阻表是一种新颖的测量工具,它方便、快捷,外形酷似钳形电流表,测试时不需辅助测试桩,只需往被测地线上一夹,几秒钟即可获得测量结果,极大地方便了地阻测量工作。钳形地阻表的优点是可以对在用设备的地阻进行在线测量,而无须切断设备电源或断开地线。

钳型接地电阻测试仪简单、快速、轻便、智能化,不必使用辅助接地棒,也无须中断待测设备之接地,只要钳夹住接地线或棒,就能量测出对地电阻,可以完成各种类型的接地电阻测量,能够对接地极、接地线、接地装置、接地网进行地阻测量。钳型接地电阻测试仪如图 10-9 所示。

(1)电阻测量原理

钳形接地电阻仪测量接地电阻的基本原理是测量回路电阻。钳表的钳口部分由电压线圈及电流线圈组成。电压线圈提供激励信号,并在被测回路上感应一个电势 E。在电势 E 的作用下将在被测回路产生电流 I。钳表对 E 及 I 进行测量,并通过公示换算即可得到被测电阻 R。

图 10-9　钳型接地
电阻测试仪

(2)电流测量原理

钳形接地电阻仪测量电流的基本原理与电流互感器的测量原理相

同。被测量导线的交流电流 I,通过钳口的电流磁环及电流线圈产生一个感应电流 I_1,钳表对 I_1 进行测量,通过公式换算即可得到被测电流 I。

10.2　通信系统的防雷保护

10.2.1　雷电的形成和雷电危害

雷电的形成必须具备三个条件:一是空气吸足够水分,比如夏季高温时空气中含水量最高,故易发生雷电;二是湿热空气上升到高空开始凝结成水滴和冰晶;三是大气中有足够高的正、负电荷形成的电位差。

雷电的危害:雷电的破坏作用是非常巨大的,可造成通信局(站)发生火灾和爆炸事故,损坏供电设备,造成停电,烧毁设备、计算机系统、控制调节系统等。

1. 电效应

巨大的雷电流流经防雷装置时会造成防雷装置的电位升高,这样的高电位作用在电气线路、电气设备或金属管道上,它们之间产生放电,这种现象叫反击。它可能引起电气设备绝缘被破坏,造成高压窜入低压系统,可能直接导致接触电压和跨步电压造成事故。

由于雷电流的迅速变化,在其周围空间里会产生强大而且变化的磁场,处于磁场中的导体会感应出很高的电动势,此电动势可使闭合回路的金属导体产生很大的感应电流,引起发热和其他危害。当雷电流入地时,在地面上可引起跨步电压,造成人身伤亡事故。

2. 热效应

巨大的雷电流通过雷击点,在极短的时间内转换为大量的热量。雷击点的发热量约为 $500\sim2\,000\,J$,造成易爆物品燃烧或造成金属熔化、飞溅而引起火灾或爆炸事故。

3. 机械冲击效应

当被击物遭受巨大的雷电流通过时,由于雷电流的温度很高,一般在 $6\,000\sim20\,000℃$,甚至高达数万度,被击物缝隙中的气体剧烈膨胀,缝隙中的水分也急剧蒸发为大量气体,因而在被击物体内部出现强大的机械压力,致使被击物体遭受严重破坏或发生爆炸。

4. 静电感应

当金属物处于雷云和大地电场中时,金属物上会感应出大量的电荷,雷云放电后,云与大地间的电场虽然消失,但金属物上所感应聚积的电荷却来不及立即逸散,因而产生很高的对地电压,称为静电感应电压。静电感应电压往往高达几万伏,可以击穿数十厘米的空气间隙,发生火花放电,因此,对于存放可燃性物品及易燃、易爆物品的场所是很危险的。

5. 电磁感应

电磁感应是由于雷击时,巨大的雷电流在周围空间产生变化迅速的磁场,使处于变化磁场中的金属导体感应出很大的电动势。若导体闭合,金属物上仅产生感应电流,若导体有缺口或回路上某处接触电阻较大,由于很大的感应电动势,所以在缺口处会产生火花放电或在接触电阻大的部位产生局部过热,从而引燃周围可燃物。

6. 雷电波侵入

雷电在架空线路、金属管道上会产生冲击电压,使雷电波沿线路或管道迅速传播。

若侵入建筑物内,可造成配电装置和电气线路绝缘层击穿,产生短路,或使建筑物内易燃、易爆物品燃烧和爆炸。

7. 雷电对人的危害

雷击电流迅速通过人体,可立即使呼吸中枢麻痹,心室纤颤或心搏骤停,以致使脑组织及一些主要器官受到严重损害,出现休克或突然死亡。雷击时产生的电火花,还可使人遭到不同程度的烧伤。

8. 防雷装置上的高电压对建筑物的反击作用

当防雷装置受到雷击时,在接闪器、引下线和接地体上都具有很高的电压。如果防雷装置与建筑物内外的电气设备或其他金属管道的相隔距离很近,它们之间就会产生放电,这种现象称为反击。反击可能使电气设备绝缘破坏,金属管道烧穿,甚至造成易燃、易爆物品着火和爆炸。

9. 浪涌

最常见的电子设备危害不是由于直接雷击引起的,而是由于雷击发生时在电源和通信线路中感应的电流浪涌引起的。一方面由于电子设备内部结构高度集成及操作过电压浪涌的承受能力下降,另一方面由于信号来源路径增多,系统较以前更容易遭受雷电波侵入。浪涌电压可以从电源线或信号线等途径窜入计算机或数据设备。

10.2.2 电源系统防雷保护原则

为了防止电信电源系统和人身遭受雷害,主要应采取以下原则。

1. 重视接地系统的建设和维护

电信局(站)的防雷保护措施,首先要做好全局接地系统的工事,防雷接地是全局接地的一部分,做好整个接地系统才能让雷电流尽快入地,避免危及人身和设备安全。

电信建筑物屋顶上设置避雷针和避雷带等接闪器与建筑物外墙上下的钢筋和柱子钢筋等结构相连接,再接到建筑物的地下钢筋混凝土基础上组成一个接地网。这个接地网与建筑物外的接地装置,如变压器、油机发电机、微波铁塔等接地相连接,组成电信设备的工作接地、保护接地、防雷接地合用的联合接地系统。

在已建的电信局站中,应加强对联合接地的维护工作,定期检查焊接和螺丝加固处是否完好,建筑物和铁塔的引下线是否受到锈蚀,影响防雷作用。还应根据《电信电源维护规程》规定,定期对避雷线和接地电阻进行检查和测量。

2. 采用等电位原理

等电位原理是防止遭受雷击时产生高电位差的使人身和设备免遭损害的理论根据。电信局站采用联合接地,把建筑物钢筋结构组成一个呈法拉第笼式的均压体,使各点电位分布比较均匀,则工作人员和设备安全将得到较好保障,而且对电信设备也起到屏蔽作用。

3. 采用分区保护和多级保护

应将需要保护的空间划分为不同的防雷区(LPZ),以确定各部分空间不同的雷电电磁脉冲(LEMP)的严重程度和相应的防护对策。

各区以其交界处的电磁环境有明显改变作为划分不同防雷区的特征。

(1)防直击雷区 LPZO$_A$。本区内的各物体都可能遭到直接雷击,因此各物体都可能导走大部雷电流(详见后面分析)。本区内的电磁场没有衰减。

(2)防间接雷区 LPZO$_B$。本区内的各物体不可能遭到直接雷击,流经各导体的雷电流,比

LPZ0$_A$ 区减少,但本区内电磁场没有衰减。

(3)防感应雷 LEMP 冲击区 LPZ$_1$。本区内的各物体不可能遭到直接雷击,流经各导体的电流比 0$_B$ 区进一步减小,本区内的电磁场已经衰减,衰减程度取决于屏蔽措施。如果需要进一步减小所导引的电流和/或电磁场,就应再分出后续防雷区如防雷区 LPZ$_2$ 等,应按照保护对象的重要性及其承受浪涌的能力作为选择后续防雷区的条件。通常,防雷区划分级数越多,电磁环境的参数就越低。

除分区原则外,防雷保护也要考虑多级保护的措施,因为雷击设备时,设备第一级保护元件动作之后,进入设备内部的过电压幅值仍相当高。只有采用多级保护才足以把外来的过电压抑制到电压很低水平,以保护设备内部集成电路等元件的安全。如果设备的耐压水平较高,可使用二级保护,但当设备可靠性要求很高、电路元件又极为脆弱时,则应采用三级或四级保护。

4. 加装电涌保护器(Surge Protection Device)

电涌保护器(SPD)是抑制传导来的线路过电压和过电流装置,包括放电间隙、压敏电阻、二极管、滤波器等。

放电间隙、压敏电阻电涌保护器也称为避雷器,正常时呈高阻抗,并联在设备电路中,对设备工作无影响。当受到雷击时,能承受强大雷电流浪涌能量而放电,呈低阻抗状态,能迅速将外来冲击过量能量全部或部分泄放掉,响应时间极快,瞬间又恢复到平时高阻状态。

10.2.3　防雷装置

防雷装置是指接闪器、引下线、接地装置、电涌保护器(SPD)及其他连接导体的总和。

一般将建筑物的防雷装置分为两大类:外部防雷装置和内部防雷装置。外部防雷装置由接闪器、引下线和接地装置组成,即传统的防雷装置。内部防雷装置主要用来减小建筑物内部的雷电流及其电磁效应,如采用电磁屏蔽、等电位连接和装设电涌保护器(SPD)等措施,防止雷击电磁脉冲可能造成的危害。

(1)接闪器

接闪器就是专门用来接受雷闪的金属物体。接闪的金属杆称为避雷器,接闪的金属线称为避雷线或架空地线,接闪的金属带、金属网称为避雷带或避雷网。所有的接闪器都必须经过引下线与接地装置相连。

(2)避雷针

避雷针一般用镀锌圆钢或镀锌焊接钢管制成。它通常安装在构架、支柱或建筑物上,其下端经引下线与接地装置焊接。由于避雷针高于被保护物,又和大地直接相连,当雷云先导接近时,它与雷云之间的电场强度最大,所以可将雷云放电的通路吸引到避雷针本身并经引下线和接地装置将雷电流安全的泄放到大地中去,使被保护物体免受直接雷击。

(3)避雷线

避雷线架设在架空线路的上边,用以保护架空线路或其他物体(包括建筑物)免受直接雷击。由于避雷线既架空又接地,所以又叫作架空地线。避雷线的原理和功能与避雷针基本相同,其保护范围按《建筑物防雷设计规范》规定的方法计算。

(4)避雷带和避雷网

避雷带和避雷网普遍用来保护较高的建筑物免受雷击。避雷带一般沿屋顶周围装设,高出屋面 100~150 mm,支持卡间距离 1~1.5 m。避雷网除沿屋顶周围装设外,需要时屋顶上面还用圆钢或扁钢纵横连接成网。避雷带和避雷网必须经引下线与接地装置可靠地连接。

（5）避雷器

避雷器是一种过电压保护设备，用来防止雷电所产生的大气过电压沿架空线路侵入变电所或其他建筑物内；避雷器也可以限制内部过电压。避雷器一般与被保护设备并联且位于电源侧，其放电电压低于波保护设备的绝缘耐压值，如图 10-10 所示。

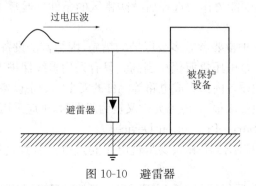

图 10-10　避雷器

当过电压沿线路侵入时，将首先使避雷器击穿并对地放电，从而保护了后面的设备。

氧化锌压敏电阻避雷器是电信电源设备主要采用的避雷器，由于它性能优越、结构简单、小形可靠，得到广泛使用。

这种避雷器以氧化锌（ZnO）为主要原料，在氧化锌内混合掺入氧化铋（Bi_2O_3）、氧化钴（CoO）、氧化锰（MnO）等微量混合物，在 1 000℃ 以上温度下烧结成烧结体元件，因此它没有串联间隙。

10.2.4　通信电源系统的防雷

包括外部防雷系统和内部防雷系统两个部分，它们是一个有机的整体。外部防雷主要是指防止击雷，它由接闪器、引下线和接地装置组成；内部防雷则包括防雷电感应、防反击、防雷电波侵入，它是指除了外部防雷系统外的所有附加措施，两者相辅相成，缺一不可。通信电源系统的防雷保护如图 10-11 所示。

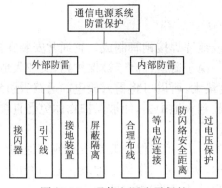

图 10-11　通信电源防雷保护

做好通信局（站）的防雷保护，首先要做好整个局（站）的接地系统。防雷接地是供电系统的重要组成部分，做好整个接地系统才能让雷电流尽快泄入大地，避免危及人身和设备安全。

通信局（站）建筑物的屋顶，要设置避雷针和避雷带等接闪器。这些接闪器的接地引下线应与建筑物外墙上下的钢筋和柱子钢筋等结构相连接,再接到建筑物的地下钢筋混凝土基础上组成一个接地网。这个接地网与建筑物外的接地装置,如变压器、发电机组、铁塔等接地装置相连接,组成通信设备的工作接地、保护接地、防雷接地合用的联合接地系统。

在已建成的通信局(站)中,应加强对联合接地系统的维护工作,定期检查焊接和螺丝紧固处是否完好,建筑物和铁塔的引下线是否受到锈蚀,以免影响防雷动作时的泄流作用。同时还应根据有关规定,定期对局(站)避雷线和接地电阻进行检查和测量。

10.2.5　电信电源系统防雷保护主要措施

通信局(站)的防雷是一项系统工程,通信电源防雷只是这项系统工程的一部分。理论研究和实践都表明:若这项防雷系统工程的其他部分不完备,仅单纯对通信电源防雷,其结果是既做不好通信局(站)内其他设备的防雷,又会给通信电源留下易受雷击损坏的隐患。这是因为雷电冲击波的电流/电压幅值很大,持续时间又极短,企图在某一位置、靠一套防雷装置就解决问题是目前科技水平所无法实现的。根据国际电工委员会标准 IEC664 给出的低压电气设备的绝缘配合水平,对雷电或其他瞬变电压的防护应分 A、B、C…等多级来实现。

局站市电高压引入线路,如采用高压架空线路中,其进站端上方宜设架空避雷线,长度为$300\sim500$ m,避雷线的保护角应不大于 $25°$,避雷线(除终端杆外)宜每杆作一次接地。

位于城区内的电信局,市电高压引入线路宜采用地理电力电缆进入通信局(站),其电缆长度不宜小于 200 m。

变压器高、低压侧均应各装一组氧化锌避雷器,氧化锌避雷器应尽量靠近变压器装设。变压器低压侧第一级避雷器与第二级避雷器的距离应大于或等于 10 m。

出入局(站)的交流低压电力线路应采用地理电力电缆,基金属护套应就近两端接地。低压电力电缆长度宜不小于 50 m,两端芯线应加装避雷器。严禁采用架空交、直流电力线进出通信局(站)。

如图 10-12 所示。通常将通信电源交流系统低压电缆进线作为第一级防雷,交流配电屏内作第二级防雷,整流器输入端口作为第三级防雷,这是通信电源系统防雷的最基本的要求。

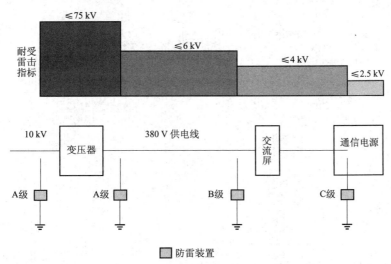

注:耐受雷击指标的波形为 1.2/50 μs,参照标准为 IEC664 和 GB331.1-83

图 10-12　电信电源的三级防雷

　　通信局(站)内交直流配电设备及电源自动倒换控制架,应选用机内有分级防雷措施的产品。即交流屏输入端、自动稳压稳流的控制电路,均应有防雷措施。

　　在市电油机转换屏(或交流稳压器)输入端、交流配电屏输入端三根相线及零线分别对地加装避雷器,在整流器输入端、不间断电源设备输入端、通信用空调输入端均应按上述要求增装避雷器。

　　压敏电阻和气体放电管是两种常用的防雷元件。前者属限压型,后者属开关型。

　　压敏电阻属半导体器件,其阻抗同冲击电压和电流的幅值密切相关,在没有冲击电压或电流时其阻值很高,但随幅值的增加会不断减少,直至短路,从而达到箝压的目的。

　　压敏电阻的响应时间一般为 25 ns。

　　与压敏电阻不同,气体放电管的阻抗在没有冲击电压和电流时很高,但一旦电压幅值超过其击穿电压就突变为低值,两端电压维持在 200 V 以下。其击穿电压是 600 VDC,额定通流量为 20 kA 或 10 kA。

复习思考题

1. 接地系统由哪几个部分组成?
2. 简述接地系统的分类和作用。
3. 接地电阻的组成包括哪些?
4. 接地电阻的测量方法有哪些?
5. 常用的防雷元件有哪些? 分别有什么功能?
6. 通信电源系统的防雷保护措施有哪些?

第11章 动力环境集中监控系统

11.1 动力环境集中监控系统

动力环境集中监控系统(以下简称监控系统)是一个分布式计算机控制系统,它通过对监控范围内的通信电源系统和系统内的各电源设备、空调设备以及机房环境进行遥测、遥信,实时监视系统和设备的运行状态,记录和处理相关数据,及时侦测故障并适时通知维护人员处理;进行必要的遥控操作,改变或调整设备运行状态;按照上级监控系统或网管中心的要求提供相应的数据和报表,从而实现通信局(站)的少人或无人值守,实现电源、空调及环境的集中监控维护管理,提高供电系统的可靠性和通信设备的安全性。集中监控系统是一个集中并融合了现代计算机技术、通信技术、电子技术、自动控制技术、传感器技术和人机系统技术的最新成果而构成的计算机集成系统。

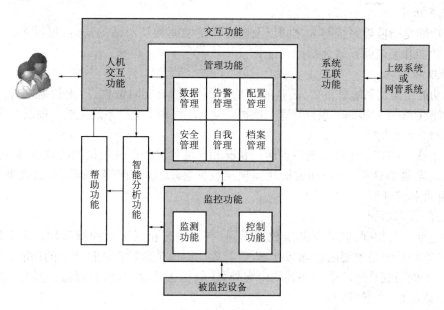

图 11-1 监控系统的功能结构

电源监控系统是电源系统的控制、管理核心,它使人们对通信电源系统的管理由烦琐、枯燥变得简单、有效。通常其功能表现在三方面。

1. 电源监控系统可以全面管理电源系统的运行,方便地更改运行参数,对电池的充放电实施全自动管理,记录、统计、分析各种运行数据。

2. 当系统出现故障时,它可以及时、准确地给出故障发生部位,指导管理人员及时采取相应措施、缩短维修时间,从而保证电源系统安全、长期、稳定、可靠地运行。

3. 通过"遥测,遥信,遥控"功能,实现电源系统的少人值守或全自动化无人值守。

监控系统的功能如下。

1. 监控功能

监控功能是监控系统最基本的功能。"监"是指监视、检测,"控"是指控制。因此,监控功能可以简单分为监测功能和控制功能。

(1)监测功能

监控系统能够对设备的实时运行状况和影响设备运行的环境条件实行不间断的监测,获取设备运行的原始数据和各种状态,以供系统分析处理,这个过程就是遥测和遥信。同时监控系统还能够通过通信局(站)的摄像机,以图像的方式对设备、环境进行直接监视,并能通过现场的麦克风将声音传到监控中心,帮助维护人员更加直观、准确地掌握设备的运行状况,这个过程也常被称为遥像或遥视。

监测功能要求系统具有较好的实时性、准确性和精确性。

(2)控制功能

监控系统能够将维护人员在业务台上发出的控制命令转换成设备能够识别的指令,使设备执行预期的动作或参数的调整。这个过程也就是遥控和遥调。监控系统遥控的对象包括各种被监控设备,也包括监控系统本身的设备,如对云台和镜头进行遥控,使之能够获取满意的图像。控制功能也同样要求系统具有较好的实时性和准确性。

2. 交互功能

交互功能是指监控系统与人之间以及监控系统之间相互对话的功能,包括人机交互界面所实现的功能和系统间互联通信的功能。

3. 管理功能

管理功能是监控系统最重要、最核心的功能,它包括对实时数据、历史数据、告警、配置、人员、设备以及档案资料等的一系列管理和维护。动力环境集中监控系统主要实现以下三种功能。

(1)数据管理功能

监控系统中的数据包括反映设备运行状况和环境状况的所有被检测的数值、状态和告警。监控系统对数据的处理、管理和维护功能包括数据显示、数据存储、数据查询、数据备份和恢复、数据处理和统计等。

(2)告警管理功能

告警也使一种数据,但又与其他数据不同,有着内容和意义上的特殊性。从某种意义上讲,告警是监控系统最重要的监测数据,告警管理功能也是监控系统最重要的功能。对告警的管理,除了上面数据管理功能所提到的内容外,还包括告警显示、告警屏蔽、告警过滤、告警确认、故障维修派单、告警呼叫等。

(3)配置管理功能

配置管理是指通过对监控系统的配置参数、界面等特性进行编辑修改,保证系统正常运行,优化系统性能,增强系统实用性。配置管理功能包括参数配置、组态和校时等。

(4)安全管理功能

安全管理功能包含两方面的含义:一是监控系统的安全,二是设备和人员的安全。监控系统的安全管理功能包括用户管理、操作记录管理、遥控操作的安全保证等。

（5）自我管理功能

监控系统的自我管理功能是对自身进行维护和管理的功能。按照要求，监控系统的可靠性必须高于被监控设备，自我管理功能是提高系统运行稳定性和可靠性的重要措施，它包括系统自诊断、系统日志管理等。

（6）档案管理功能

档案管理功能又称信息管理功能，是监控系统的一项辅助管理功能。它将与监控系统相关的设备、人员、技术资料等信息作归纳整理，进行统一管理。档案管理功能包括系统维护信息管理、设备管理、人员管理、技术文档管理等。

4. 智能分析功能

智能分析功能是采用专家系统、模糊控制、神经网络等人工智能技术来模拟人的思维，在系统运行过程中对设备相关的知识和以往的处理方法进行学习，对设备的实时运行数据和历史数据进行分析、归纳，不断积累经验，以优化系统性能，提高维护质量，帮助维护人员提高决策水平的各项功能的总称。智能分析功能包括告警分析、故障预测、运行优化等。

5. 帮助功能

一个完善的计算机系统，一定会有其完备的帮助功能。在监控系统中，帮助信息的方式是多种多样的。最常见的是系统帮助，它是一个集系统组成、结构、功能描述、操作方法、维护要点及疑难解答于一体的超文本文件。

11.2　监控系统网络结构

1. 网络结构

监控系统采用逐级汇接的结构，一般由监控中心、监控站、监控单元和监控模块构成（如图11-2所示）。

SC（Supervision Center，监控中心）——本地网或者同等管理级别的网络管理中心。监控中心为适应集中监控、集中维护和集中管理的要求而设置。集中监控中心（SC/CSC）是一个较高层次的监控管理级，是监控系统的核心级，它负责对整个地市范围内的各个县、市、区的电源设备进行集中的检测和管理。监控中心包括区域监控中心（SS）的所有功能。为了便于纳入综合电信管理网，监控中心还应具有同本地网管中心互联的通信接口。

SS（Supervision Station，监控站）——区域管理维护单位。监控站为满足县、区级的管理要求而设置的，负责辖区内各监控单元的管理。区域监控中心（SS）用以对一个县级区域内的所有局（站）进行监控管理的集中操作维护点，是监控系统中通信电源设备的基本运行维护单位。它在整个监控系统中功能最强大、性能最完善。

SU（Supervision Unit，监控单元）——监控系统中最基本的通信局（站）。监控单元一般完成一个物理位置相对独立的通信局（站）内所有的监控模块的管理工作，个别情况可兼管其他小局（站）的设备。

现场监控单元（SU）是监控系统中最低一级的计算机系统，它通过监控模块（SM）与被监控设备连接，对被监控设备进行数据采集和控制。现场监控单元的功能组要侧重于监控，其中

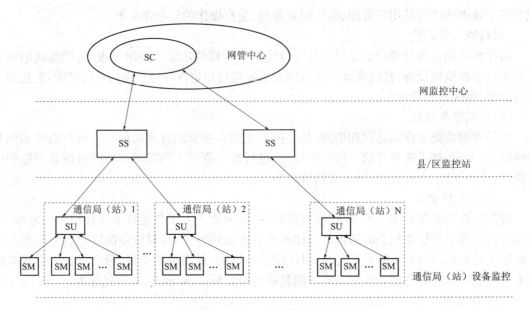

图 11-2　动力环境监控系统的结构

有向监控模块发送监测和控制命令,包括参数的设置和调整;汇总各监控模块采集的数据,进行处理和存储,如需要还可以显示或打印;定时或按照区域监控中心(SS)的要求向上级传送实时数据、历史数据、设备参数、状态信息、告警信息以及统计信息,并接收上一级下发的设备遥控命令。一般情况下每个通信局(站)配置一个现场监控单元。无人值守的或设备较少的局(站)也可不设监控单元,其设备监控模块可通过一定的传输方式连接到附近局(站)的监控单元,或直接连接到放置在区域中心的前置机上。

SM(Supervision Module,监控模块)——完成特定设备管理功能,并提供相应监控信息的设备。监控模块面向具体的被监控对象,完成数据采集和必要的控制功能。一般按照被监控系统的类型有不同的监控模块,在一个监控系统中往往有多个监控模块。

监控模块是监控系统中最低的监控层,它直接与设备相连接,用于对被监控设备的工作状态和运行参数进行监控、采集和处理,形成规范化的状态、数据和告警信息向上传送;同时接收和执行监控单元下发的各种监测和控制指令,对设备进行控制和参数调整。由于监控模块直接与被监控设备连接,根据监控系统可靠性设计的原则,监控模块具有最高的监控优先级。

监控模块的核心部分一般由单片机充任,它通过一定的接口芯片和外围电路,设置一定数量的模拟量输入、开关量输入、数字量输出、开关量输出和计数输入等接口和通道,与安装在被监控设备上的传感器、变送器、触点等连接,直接对被监控设备进行实时的监测和控制;同时,监控模块还设置有用于与上级监控单元进行通信的串行通信接口,如 RS-232、RS-485/422等。监控模块内包含有一定容量的存储芯片(RAM、EPROM 等),保存着被监控设备运行状况以及执行控制命令所必需的参数,当通信发生中断时,还能够保存一定量的历史数据和告警信息,待通信恢复后再将其上报。

各通信局(站)根据智能设备和非智能设备的具体情况配置监控模块。智能设备内部具有自己的监控单元,直接或通过协议转换的方式接入监控系统,一般每台智能设备作为一个监控模块。非智能设备采用通用或专用数据采集设备进行监控,每一个数据采集设备作为一个监控模块。

随着计算机网络的延伸,这种三级逐级汇接的树状结构正逐步被网络型结构所替代。SS 的汇接作用也逐渐由 SC 统一完成了,这样不仅便于网管中心的集中管理,而且降低了系统造价和复杂程度。通常 SS 通过延伸 SC 的一个业务控制台经过软件设置实现原来的功能。

2. 网络通信与传输

(1)监控模块(SM)与监控单元(SU)之间,采用专用数据总线。物理接口与传输速率采用:

①V.11/RS422　　　　　　　1.2~48 kbit/s;

②RS485　　　　　　　　　1.2~48 kbit/s ;

③V.24/V.28/RS-232C　　　1.2~19.2 kbit/s;

④RJ45　　　　　　　　　　10 BASE-T,10 BASE-5,10 Mbit/s。

(2)监控单元(SU)与监控站(SS)之间,可采用两种传输手段,主辅备用,并能自动切换。采用的传输方式主要有:

①数字数据网(DDN);

②语音专线(采用 MODEM);

③拨号电话线(采用 MODEM);

④DCN 网;

⑤其他。

(3)监控站(SS)与监控中心(SC)之间,数据传输以计算机网或专线为主,以拨号公用电话网为辅,计算机网或专线和拨号线之间应能自动切换,可采用:

①数字数据网(DDN);

②语音专线(采用 MODEM);

③拨号电话线(采用 MODEM);

④DCN 网;

⑤其他。

3. 常用的传输资源

(1)PSTN

PSTN 是最普通的传输资源。利用 MODEM,PSTN 能提供 9 600 bit/s、14.4 kbit/s、28.8 kbit/s、33.6 kbit/s 的通信速率。

(2)2M

2M 资源是传输部门提供的最常见的一种资源,主要用来连接不同地点的交换设备——包括程控交换机、DDN 节点机等。

2M 资源的接口遵循 ITU—U G.703 和 G.704 标准。G.703 有两种传输介质:一种是平衡接口,采用 2 对 120 Ω 的线对,一对线收,一对线发;另一种是非平衡接口,采用一对 75Ω 的同轴电缆,一根收,一根发。G.704 标准中规定了帧的概念,就是按照时分复用的方法,把一个 2 048 kbit/s 的比特流,分为 32 个 64 kbit/s 的通道,每个通道称为 1 个时隙,编号从 0 至 31,其中时隙 0 作为交换机之间同步用,其他的 31 个时隙用来承载其他业务,在公用电话网中即为一个话路。

通过一些特殊的设备,如 RAD 公司的 FCD—E1、FCD—2、Digital Link 公司的 DL600,

Sole E1,或华为公司自己开发的 DCM2000,这些设备具有从一根 2M 中继线中抽取若干个 64 K时隙作为数据传输的功能,对于不用的时隙不做任何处理。再结合交换机的一些功能,如通过其做半永久连接,来利用 2M 作为集中监控网络中的一种传输资源。

(3)DDN

DDN 网是一个数据业务网,其主要功能是向用户提供端到端的透明数字串行专线。所谓的透明专线,就是用户从一端发送出去的数据,在另一端原封不动地被接收,网络对承载用户数据没有任何协议要求,对用户来说,并不需要关心 DDN 是如何实现,而只需要知道 DDN 网提供了一个端到端的透明通道。DDN 提供的透明串行专线,又可分为同步串行专线与异步串行专线。同步串行通路速率从 64 K,至 $n \times 64$ K,最高达 2.048 Mbit/s;异步串行通路速率一般小于 64 K,从 2 400 bit/s、9 600 bit/s,直至 38.4 kbit/s。DDN 以传输数据信号为主,也能传输话音和图像。

使用 DDN 传输时,需要 DTU 设备,如 New Bridge 公司的 2601、2603,DataCraft 公司的 558 等。

(4)LDCN(或称 97 网)

LDCN 是局内计算机网络,提供以太网口或者 RS232 串口,可直接利用。

(5)音频专线

一般是从半端机的音频板上引出的 根电话线,使用时需要能工作在专线方式的 MO-DEM。

(6)数字公务通道

多见于传输设备,提供标准的 RS232 接口,可直接使用。有时需要经过 RS232-RS422 的转换。

11.3　监控对象

监控系统监控有下列动力设备和机房环境对象。

1. 高压配电设备

(1)进线柜

遥测:三相电压,三相电流。

遥信:开关状态,过流跳闸告警,速断跳闸告警,失压跳闸告警,接地跳闸告警(可选)。

(2)出线柜

遥信:开关状态,过流跳闸告警,速断跳闸告警,接地跳闸告警(可选),失压跳闸告警(可选),变压器过温告警,瓦斯告警(可选)。

(3)母联柜

遥信:开关状态,过流跳闸告警,速断跳闸告警。

(4)直流操作电源柜

遥测:贮能电压,控制电压。

遥信:开关状态,贮能电压高/低,控制电压高/低,操作柜充电机故障告警。

2. 低压配电设备

(1)进线柜

遥测:三相输入电压,三相输入电流,功率因数,频率。

遥信:开关状态,缺相、过压、欠压告警。

遥控:开关分合闸(可选)。

(2)主要配电柜

遥信:开关状态。

遥控:开关分合闸(可选)。

(3)稳压器

遥测:三相输入电压,三相输入电流,三相输出电压,三相输出电流。

遥信:稳压器工作状态(正常/故障,工作/旁路),输入过压,输入欠压,输入缺相,输入过流。

3. 柴油发电机组

遥测:三相输出电压,三相输出电流,输出频率/转速,水温(水冷),润滑油油压,润滑油油温,启动电池电压,输出功率。

遥信:工作状态(运行/停机),工作方式(自动/手动),主备用机组,自动转换开关(ATS)状态,过压,欠压,过流,频率/转速高,水温高(水冷),皮带断裂(风冷),润滑油油温高,润滑油油压低,启动失败,过载,启动电池电压高/低,紧急停车,市电故障,充电器故障(可选)。

遥控:开/关机,紧急停车,选择主备用机组。

4. 燃气发电机组

遥测:三相输出电压,三相输出电流,输出频率/转速,排气温度,进气温度,润滑油油温,润滑油油压,启动电池电压,控制电池电压,输出功率。

遥信:工作状态(运行/停机),工作方式(自动/手动),主备用机组,自动转换开关(ATS)状态,过压,欠压,过流,频率/转速高,排气温度高,润滑油温度高,润滑油油压低,燃油油位低,启动失败,过载,启动电池电压高/低,控制电池电压高/低,紧急停车,市电故障,充电器故障。

遥控:开/关机,紧急停车,选择主备用机组。

5. 不间断电源(UPS)

遥测:三相输入电压,直流输入电压,三相输出电压,三相输出电流,输出频率,标示蓄电池电压(可选),标示蓄电池温度(可选)。

遥信:同步/不同步状态,UPS/旁路供电,蓄电池放电电压低,市电故障,整流器故障,逆变器故障,旁路故障。

6. 逆变器

遥测:交流输出电压,交流输出电流,输出频率。

遥信:输出电压过压/欠压,输出过流,输出频率过高/过低。

7. 整流配电设备

(1)交流屏(或交流配电单元)

遥测:三相输入电压,三相输出电流,输入频率(可选)。

遥信:三相输入过压/欠压,缺相,三相输出过流,频率过高/过低,熔丝故障,开关状态。

(2)整流器

遥测:整流器输出电压,每个整流模块输出电流。

遥信:每个整流模块工作状态(开/关机,均/浮充/测试,限流/不限流),故障/正常。

遥控:开/关机,均/浮充,测试。

(3)直流屏(或直流配电单元)

遥测:直流输出电压,总负载电流,主要分路电流,蓄电池充、放电电流。

遥信:直流输出电压过压/欠压,蓄电池熔丝状态,主要分路熔丝/开关故障。

8. 太阳能供电设备

遥测:方阵输出电压、电流。

遥信:方阵工作状态(投入/撤出),输出过压、过流。

9. 直流—直流变换器

遥测:输出电压,输出电流。

遥信:输出过压/欠压,输出过流。

10. 风力发电设备

遥测:三相输出电压,三相输出电流。

遥信:风机开/关。

11. 蓄电池监测装置

遥测:蓄电池组总电压,每只蓄电池电压,标示电池温度,每组充、放电电流,每组电池安时量(可选)。

遥信:蓄电池组总电压高/低,每只蓄电池电压高/低,标示电池温度高,充电电流高。

12. 分散空调设备

遥测:空调主机工作电压,工作电流,送风温度,回风温度,送风湿度,回风湿度,压缩机吸气压力,压缩机排气压力。

遥信:开/关机,电压、电流过高/低,回风温度过高/低,回风湿度过高/低,过滤器正常/堵塞,风机正常/故障,压缩机正常/故障。

遥控:空调开/关机。

13. 集中空调设备

(1)冷冻系统

遥测:冷冻水进、出温度,冷却水进、出温度,冷冻机工作电流,冷冻水泵工作电流,冷却水泵工作电流。

遥信:冷冻机、冷冻水泵、冷却水泵、冷却塔风机工作状态和故障告警,冷却水塔(水池)液位低告警。

遥控:开/关冷冻机,开/关冷冻水泵,开/关冷却水泵,开/关冷却塔风机。

(2)空调系统

遥测:回风温度,回风湿度,送风温度,送风湿度。

遥信:风机工作状态,故障告警,过滤器堵塞告警。

遥控:开/关风机。

(3)配电柜

遥测:电源电压、电流。

遥信:电源电压高/低告警,工作电流过高。

14. 环境

遥测:温度,湿度。

遥信:烟感,温感,湿度,水浸,红外,玻璃破碎,门窗告警。

遥控:门开/关。

11.4　监控单元(SU)

1. 局(站)监控单元的结构

局(站)监控单元是监控系统中最低一级计算机系统,它通过监控模块(SM)与被监控设备直接相连,对被监控设备进行数据采集和进行控制。

目前大多数监控系统的局(站)监控系统由单片机控制系统或工业控制机系统组成,有的也采用可编程控制器等其他计算机系统。总的说来各监控设备制造厂商为了加强系统的可靠性和技术上的先进性,降低系统造价,针对通信电源的特殊场合和特殊要求,都倾向于采用可靠性高的单片机系统。该系统一般具有丰富的输入/输出接口,有多种形式的通信接口和较大的存储容量,方便数据存储和转发。局(站)监控系统的基本结构如图 11-3 所示。图中主控模块(主机)与通用采集模块、智能协议转换器、蓄电池监测模块通过 RS485/422 协议进行数据通信。

作为监控系统最低的一层,局(站)监控系统是整个监控系统进行集中监控和管理的基础,要求有高度的可靠性和稳定性。

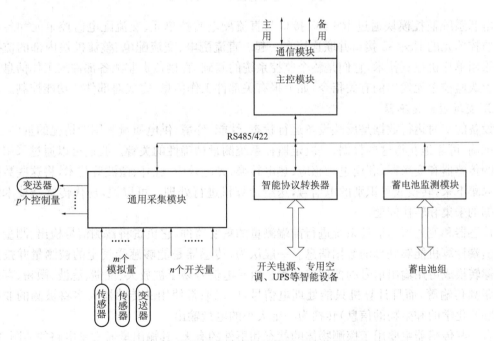

图 11-3　设备监控单元的计算机系统结构框图

集散式监控系统的总体结构框图如图 11-4 所示。系统采用三级测量、控制、管理模式。最高一级为电源监控后台,电源监控后台通过 RS-232 或 RS-485 及 MODEM 通信方式与电源系统的监控模块连接;电源系统监控模块构成电源监控系统的第二级监控;电源监控系统的第三级监控由各整流模块内的监控单元、交流配电监控单元和直流配电监控单元等组成。

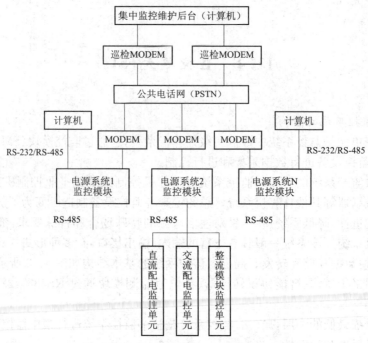

图 11-4 电源监控系统结构框图

电源系统监控模块通过 RS-485 接口与直流配电监控单元、交流配电监控单元和各整流模块监控单元的 RS-485 接口并联连接在一起。直流配电、交流配电、整流模块内部的监控单元均采用单片机控制技术，它们是整个监控系统的基础，直接负责监测各部件的工作信息并执行从上级监控单元发出的有关指令，如上报有关部件工作信息，完成对部件的功能控制。

2. 变送器和传感器

设备的实时运行数据是反映设备运行状态、性能、环境、供电质量和用电情况的重要依据，如何准确、可靠地获得这些数据，是决定监控系统测量精确性的关键。我们可以通过采用各种各样的传感器和变送器，利用电磁感应、热电转换、光电效应、红外、微波等技术，将这些数据从现场采集下来，转换成可识别的电信号，送给计算机进行处理。可以说，现代传感器技术解决了数据的采集和转换问题。

传感器和变送器是监控系统进行前端测量的重要器件，它负责将被测信号检出、测量并转换成前端计算机能够处理的数据信息。一般认为，传感器是能够感受规定的被测量并按照一定规律转换成可用输出信号的器件或装置。由于电信号易于被放大、反馈、滤波、微粉、存储以及远距离传输等，而且计算机只能处理电信号，所以通常使用的传感器大多将被测的非电量（物理的、化学的和生物的信息）转换为一定大小的电量输出。

有一些传感器主要用于探测物体的状态和事件的有无，其输出量通常是电路的通断、接点的开合、电量的有无，因此也常被称为探测器，如红外探测器、烟雾探测器等。由于传感器具有这种"探知"特性，很像昆虫的触头，因此也被形象地称为探头。经过传感器转换以后输出的电量各式各样，有交流也有直流，有电压也有电流，而且大小不一，而一般 D/A 转换器件的量程都在 5 V 直流电压以下，所以有必要将不同传感器输出的电量变换成标准的直流信号，具有这种功能的器件就是变送器。变送器是将输入的被测的电量(电压、电流等)按照一定的规律进行调制、变换,使之成为可以传送的标准输出信号的器件。监控系统中使用的变送器的输出范围一般是 1～5 V DC 或 4～10 mA DC。变送器除了可以变送信号外,还具有隔离作用,能够将被测参数上的干扰信号排除在数据采集端之外,同时也可以避免监控系统对被测系统的反向干扰。

此外还有一种传感变送器,也常被称为变送器,它实际上是传感器和变送器的结合,即先通过传感部分将非电量转换成电量,再通过变松部分将这个电量变换为标准电信号进行输出,如压力变送器、湿度变送器等。

(1)常用的电量变送器

监控系统中常用的电量变送器有三相电压变送器、三相电流变送器、直流电压变送器等。

①三组合交流电压变送器

三组合交流电压变送器用于测量三相电压,由铭牌说明可得知此变送器的外特性为:

工作电源:DC+24 V

量程:0～450 V

输出:4～20 mA(输出与电源共用一对线)

由此可知信号的特性曲线如图 11-5 所示,在该图中,X 轴为传感器的输出,Y 轴为量程范围,但更一般地,Y 轴表示要测量的量。交流电压信号经变送器变换后接入采集器,要根据变送器的输出信号特性及变比对采集器的相应通道进行设置(注意单位统一成标准单位)。如此例,$X_1=0.004$、$Y_1=0$、$X_2=0.02$、$Y_2=450$。为了方便,通常可用"0～450 Vac/4～20 mA"表示该传感器的输入输出特性。

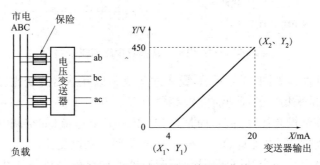

图 11-5　电压变送器及其配置曲线

电压变送器直接从负载取得电压信号,变送器的输入线不能短路。为了设备安全,要求在变送器的输入端安装保险。

②三组合交流电流变送器

在了解电流变送器之前,先来了解交流电流是如何测量的。通信动力系统负载功率大,对应的交流电流也很大,一般为几十或几百安培,为了测量方便,现场先用交流电流互感器将大的电流变为小的电流。图 11-6 所示的是电流互感器示意图。

电流互感器的输出均为 0～5 A,即最大输出 5 A 的电流。互感器不同,量程也不一样,量程与最大输出的比值称为变比,如 200A/5A 或 100A/5A。如果我们测出互感器的输出电流大小,乘以变比后就是负载的电流大小。通常电流变送器可以测量 5 A 以下的电流值。

由三组合交流电流变送器的铭牌说明可得知此变送器的外特性为:

图 11-6　电流互感器

工作电源:DC　24 V

量程:0～5 A

输出:4～20 mA(输出与电源共用一对线)

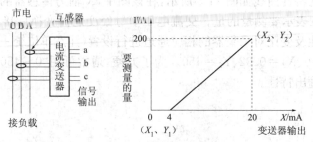

图 11-7　电流变送器及配置曲线

该变送器的特征曲线如图 11-7 所示,要注意 Y 需乘以互感器的变比。假设互感器的变比为 200 A/5 A,则调试采集器的通道时配置参数为 $X_1=0.004$、$Y_1=0$、$X_2=0.02$、$Y_2=200$。

如果变送器的前端没有接互感器,而是直接接入的负载电流(如空调电流等小于变送器输入范围的电流),在配置 X_1、Y_1、X_2、Y_2 时要注意 Y 不要再乘以变比。

电流互感器实质上是一个升压变压器,该变压器的初级就是负载导线,只有一匝,如果次级开路,就产生较高的电压,因此,互感器的次级不能开路,否则对人身安全有危险。互感器的次级接入电流变送器,在安装或更换电流变送器时一定要停电作业,才能确保人身安全;从互感器接入到变送器的回路中不能接入保险。安装或更换其他需要接入互感器输出电流的变送器也有相同的要求。

③直流电压的测量

电池的单体电池电压直接计入监控系统测量。对于总电压、油机启动电池电压可利用合适的电阻分压后接入监控系统,如图 11-8 所示。有的监控系统也可以直接接入开关电源总电压。

在图 11-8 中,假定油机启动电池电压为 24 V,R_1 为 6 K,R_2 为 2 K,该分压电路相当于一个 0～24 VDC/0～6 VDC 的变送器。目前更多的是直接使用直流电压变送器,如某型号直流电压变送器,输入直流电压范围为 0～30 V,输出为 4～20 mA,需直流 24 V 电源。

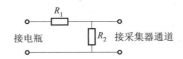

图 11-8 用分压器测量电池启动电压

④直流电流的测量

通信系统的直流电流通常很大,可达几百甚至上千安。为了测量直流电流,一般都在直流负载母排上安装了分流器,分流器相当于精密小电阻,当大电流通过时,在该电阻两端产生一个电压,通过测量分流器两端的电压可以间接测量负载电流。分流器的最大输出电压为 75 mV,不同的分流器有不同的分流器系数,如分流器系数为 1 000,表示负载电流达到 1 000 A 时,分流器的两端电压达到 75 mV。直接将分流器的两端的电压接入采集通道可以测量电流,但因信号太小(0～±75 mV),容易受到干扰产生误差。因此常用直流电压变送器将被测电压信号转换成 DC4－20 mA 工业标准电流信号后再接入采集器测量,如图 11-9 所示。设置通道参数时同样要注意分流器系数。

某型号直流电压变送器,外特性如下:

测量范围:DC －75 mV～0～75 mV

输出范围:4-12-20 mA(三线制,对应三相电流)

工作电源:DC 24 V

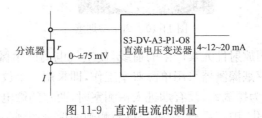

图 11-9 直流电流的测量

(2)常用的传感器

监控系统中常用的传感器有温度传感器、湿度传感器、感烟探测器、红外探测器、门磁开关、水浸、液位传感器等。

①温度传感器

温度是表示物体冷热程度的物理量,一些物体在温度变化时改变某种特性,根据这一现象可以间接地测量温度,温度传感器就是根据这一原理设计的。某温度传感器的外特性为:

工作电源:DC 24 V

量程:0～50 ℃

输出:4～20 mA(输出与电源共用一对线)。

②湿度传感器

湿度一般指相对湿度,是空气中所含水蒸气分压与同温度下所含最大水蒸气分压(饱和水蒸气压力)的比值,用百分比表示,常写成％RH。相对湿度表示了空气中水蒸气相对饱和程度。如果机房内的空气湿度过低,则人体在机房内走动时容易产生静电,如果没有经过放电就接触设备容易烧坏电路板。如果机房内的空气湿度过高,则容易腐蚀电路板降低设备寿命。

某型号温湿度一体化传感器,采用铂电阻作感温元件测量温度,用高分子薄膜电容式湿度传感器测量湿度。温度、湿度互相隔离,相当于两个传感器,外特性为:

工作电源：DC 24 V

输出信号：4～20 mA

湿度测量范围：0～100% RH

温度测量范围：0～50 ℃

为了测量的结果具有代表性，温湿度传感器应安装在最能代表被测环境状态的地方，避免安装在空气流动不畅的死角及空调的出风口处。

③感烟探测器

感烟探测器简称烟感，是一种火灾探测器。火灾探测器分为感烟探测器、感温探测器和火焰探测器。感烟探测器分为离子感烟型和光电感烟型；感温探测器分为定温感温型和差温感温型；火焰探测器主要用在探测无烟火灾场合，且价格昂贵，一般工程不采用。工程上使用最多的是离子型感烟探测器，如图 11-10 所示。

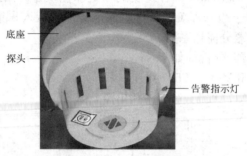

图 11-10　离子型烟感

离子感烟探测器利用放射性元素产生的射线，使空气电离产生微电流来检测空气中是否有烟。目前大部分离子感烟探测器采用单源双室工作，即采用一个放射源，两个工作室。工作室中一个为参考室，一个为探测室，没有烟进入探测室时，两室的微电流平衡，当烟雾进入探测室时，探测室电流发生变化，破坏平衡，传感器将检测到的信号送到一个正反馈电路，产生报警输出。离子感烟探测器在监视状态下，其工作电流为几十微安；报警状态下，在探测器上的压降为 4～6 V，允许通过最大电流为 60～100 mA。我们可以把烟感信号看成一个常开接点（如图 11-11 所示），告警时闭合，图中的 R 为采集器内部的限流电阻，一般阻值为 4.7 kΩ。一个烟感有效探测范围是有限的，当一个机房内装多个烟感时，需并联安装。

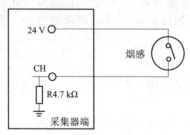

图 11-11　烟感的等效电路

烟感告警时具有告警保持的特点，即一旦告警，烟感两端将一直为导通状态。烟感告警或测试烟感后，一定要进行复位。复位的方法很简单，给传感器断一次电即可，例如关闭采集器电源后再打开。按消防的要求，烟感是不允许远程复位的，因此不会在监控中设计远程复位功能。

在使用离子感烟探测器时应注意：

a)只有垂直烟才能使其报警，因此烟感应装在房屋的最顶部。

b)灰尘会使感应头的灵敏度降低，因此应注意防尘。

c)离子感烟探测器使用放射性元素 Cs137，应避免拆卸烟感，注意施工安全。

d)烟感需要定期(如每年一次)进行清洁，保证其工作的可靠性。

④门磁开关传感器

门磁开关又称为门碰，实际上是一个干簧管，干簧管由两个靠得很近的金属弹簧片构成，两个金属片为软磁性材料，当干簧管靠近磁场时，金属片被磁化，相互吸引而接触，当干簧管远离磁场时弹簧片失去磁性，由于弹力的作用两金属片分开，因此门碰相当于一个常闭开关，多个门磁开关可串联接入采集器的同一个通道。

安装门磁开关时将干簧管安装在固定的门框上，磁体安装在可动的门上，尽量使它们在门关时靠得近、门开时离得远。如果是铁门，要选择适合铁门使用的门磁开关，如图 11-12 所示。

适用木门的门碰

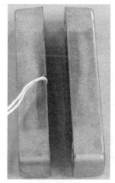

适用铁门的门碰

图 11-12 常用的两种门碰

3. 通用采集模块

通用采集模块一般都具备多种输入/输出接口，例如符合工业标准的模拟量输入接口、开关量输入接口以及控制量输出接口。通过通用采集模块的输入接口，连接传感器或变送器采集被监控设备的各类数据。一般这类被监控设备不具备智能接口，必须通过通用采集模块才能接入监控系统中。好的通用采集模块采用模块化设计，提供多种配置灵活的数据输入/输出模块。通用采集模块要求有较强的隔离/保护、抗干扰的能力。

4. 智能协议转换器

随着开关电源、UPS、专用空调、柴油发电机组等智能设备的大量使用，由于这些设备自身提供通信接口(大部分为 RS232，也有提供 RS 485/422、TCP/IP)，通过通信接口可以向外提供设备的各类信息。但是它们与外界的通信信号格式和协议各不相同，为了解决各种智能设备与监控系统之间的信息交换，通常的解决方案是采用协议转换器，将智能设备的通信协议转换成监控系统的内部协议。今后智能设备通信协议的统一，将为设备的接入提供方便。

协议转换器在进行通信协议转换时，实际上是按智能设备的通信协议接受智能设备的数据，再按监控主机的通信协议转发给监控主机；或者按局站监控主机的通信协议接受局站监控主机下达给智能设备的命令，再按智能设备认识的通信协议转发给智能设备，因此协议转换器具有程序存储和数据存储以及数据处理转发的功能,其基本硬件包括 CPU、RAM、EPROM/E²PROM 和 2 个以上的串行通信口。

协议转换器与智能设备的连接方式有下列两种:一对一直连和总线连接。例如协议转换器通过 RS232 直接与开关电源、UPS、柴油机连接;而与多台同品牌专用空调的连接方式可以是通过 RS422/485 或其他总线方式进行连接,当然也可以采用一对一的连接,这样会增加一定的费用。

5. 蓄电池监测模块

为了便于检测蓄电池组的每只电池端电压、温度等监控量,存储电池充放电数据和电池分析数据,监控设备生产厂商研制了蓄电池监测模块(或称蓄电池检测仪)对蓄电池监测进行单独处理。

11.5　监控站(SS)和监控中心(SC)

1. 监控站(SS)的职能

(1)实时监控

①实时监视各通信局(站)动力设备和机房环境的工作状态,接收故障告警信息。

②可以查询监控单元(SU)采集的各种监测数据和告警信息。

(2)告警管理

①设定告警等级、用户权限。

②设定各个监测量性能门限值。

③具有告警过滤能力。

(3)运行管理

①具有统计功能,能生成各种统计报表及曲线图。

②具有数据存储功能,告警数据、操作数据和监测数据应至少保存半年时间。

(4)监控系统自身管理

①能同时监视辖区内 SU 的工作状态并与 SC 保持通信,可透过监控单元(SU)对监控模块(SM)下达监测和控制命令。

②接收监控中心(SC)定时下发的时钟校准命令。

③实时向监控中心(SC)转发紧急告警信息。必要时(如监控站 SS 夜间无人值守),可设置成将所收到的全部告警信息转送到监控中心(SC)。

2. 监控中心(SC)的职能

(1)实时监控

①实时监视各通信局站动力设备和环境的工作状态和运行参数,接收故障告警信息。

②根据需要,查询监控站(SS)和监控单元(SU)采集的各种监测数据和告警信息。

③实时监视各监控站(SS)的工作状态。

④可透过监控站(SS)对监控单元(SU)下达监测和控制命令。

(2)告警管理

设定告警等级、用户权限。

（3）运行管理

①具有统计功能，能生成各类统计报表及曲线图。

②具有文件存档和数据库管理功能。

（4）监控系统自身管理

①在接管监控站（SS）的控制权后，对于告警信息的处理与监控站（SS）相同，也就是具有告警过滤能力。

②具有实时向上一级监控中心转发紧急告警信息和接受上一级监控中心所要求的监测数据信息的能力。

③向监控站定时下发时钟校准命令。

随着集中维护管理模式的发展，非大型本地网动力环境监控系统的 SS 级功能呈现弱化趋势，SS 级的监控终端逐渐成为 SC 级的远程终端，其功能主要集中在区域设备监控上。

3. 应用软件系统

为了实现 SS、SC 的功能，需要在监控中心和监控站建立一套计算机系统，主要包括数据通信服务器、数据库服务器、监控操作和管理终端等部分，有的系统还有告警管理服务器。在不同的计算机上运行不同功能的应用软件系统。

复习思考题

1. 什么是动力环境监控系统？

2. 动力环境监控系统的功能有哪些？

3. 动力环境监控系统的网络结构包括哪些？

4. 监控系统中常用传感器有哪些？它与变送器有何区别？

参考文献

1. 张雷霆. 通信基站电源系统维护. 北京：人民邮电出版社,2013.
2. 曾令琴. 供配电技术. 北京：人民邮电出版社,2014.
3. 全国通信专业技术员职业水平考试办公室. 通信专业实务(设备环境). 北京：人民邮电出版社,2008.
4. 张雷霆. 通信电源. 北京：人民邮电出版社,2014.
5. 朱永平. 通信电源设备与维护. 北京：人民邮电出版社,2013.